狗狗的
家庭醫學百科

Inu Medical

野澤延行／著

蕭辰倢／譯

早安
出門散步的時間
還沒到嗎？

LIVING WITH YOU

與你朝夕相處，
與你共度一生。

好喜歡像這樣，
坐在草地上
欣賞風景。
LIVING
WITH
YOU

我還不想回家啦！

來嘛，看這裡嘛。

可以一直撒嬌嗎？

LIVING
WITH
YOU

一如往常，
怡然自得的一天。

想永遠
和你
在一起。

目錄

Contents

II 健康篇 狗狗健康不可少

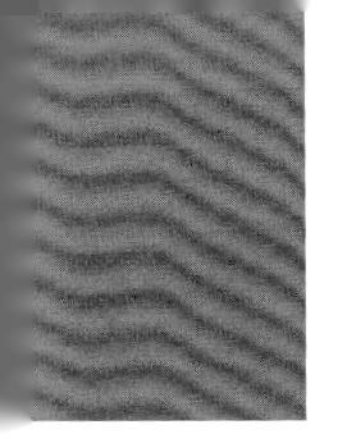

前言

Introduction

人類跟狗狗從一萬多年前就已開始共居，構築出了特別的信任關係。最初狗狗是被養來當作勞動力使用，時至今日，則發展成了跟人類彼此關愛的家庭成員。狗狗變得格外長壽，近年來平均壽命已經超過15歲。

科學家證實，人類跟狗狗一同生活，會有撫慰的效果，被狗狗治癒心靈。另外狗狗在和人相互凝視時，會分泌幸福荷爾蒙「催產素」，因此我們得知狗狗也具備感情，擁有心靈世界。

狗狗如此惹人憐愛，「希望牠們常保健康、長命百歲」是所有飼主的心聲。為此飼主該注意哪些事項？為了狗狗的健康，我們能夠做些什麼？我寫出這本書，即是為了溫柔地傳遞這些資訊。

只要從平時就關注狗狗的健康，當狗狗進入漫長的高齡期，就能夠精神飽滿地延長「健康壽命」，進而為狗狗實現「幸福長壽」的生活。不過，諸如解讀狗狗的心聲、判斷狗狗有沒有壓力、是否覺得不自由、生活習慣有沒有問題……要日日都為狗狗把關健康，其實絕非易事。因此，我蒐集了能夠讓狗狗維持身心健康、延長壽命的幾個重要關鍵詞。

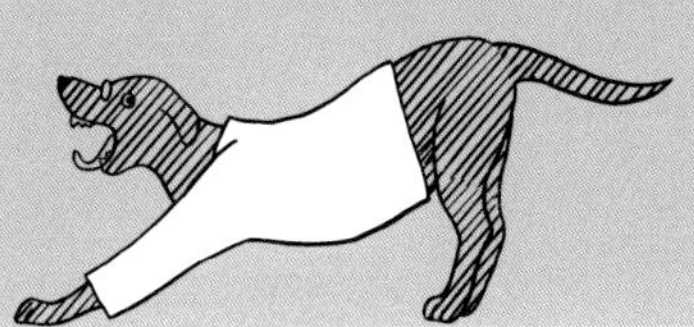

在「狗狗居家也瘋狂」的單元，我列出了7個關鍵詞，只要遵守這7個約定，就能延長狗狗的健康壽命。

接著，在「狗狗健康不可少」的單元，我也蒐集有助於預防疾病、早期發現異常變化的關鍵詞。只要遵守這7個約定，就能早期發現疾病。

將這幾個關鍵詞記在心裡（可以的話不妨印出來貼在牆上），在日常生活中用心關照愛犬，相信狗狗必定會生活得更舒適、更健康。

本書跟以往的醫學書籍有所區別，是一本站在狗狗的立場上思考、相當平易近人的健康書籍。除了生活篇、健康篇之外，書中亦能欣賞到日本的熱門貓狗應用程式「Dokonoko」中飼主所投稿的狗狗照片。期待本書能為您愛犬的健康與幸福產生助益。

野澤延行

狗狗導覽員介紹

這不是一本單純的醫學書籍。
而是站在狗狗的立場，輕鬆探討與「狗狗的健康、幸福長壽」有關的書。
書中有不少狗狗登場，而下面這3隻狗狗導覽員，
則是代表所有狗狗，為各位講解狗狗的健康相關疑問、心願及提議。

狗狗們

不喜歡剪毛的西施犬（6歲）、曾經是收容犬的日本米克斯犬（推測2歲），跟飼主一起過著3人生活。家附近住著好朋友傑克羅素㹴犬，另外還有許多夥伴。

狗狗老師

6歲的公狗。具有獸醫證照。生於東京谷中的黑色拉布拉多犬。興趣是隨著17點的鐘聲高歌長嚎，還有搞笑機智問答。

狗狗導覽員的夥伴

Dokonoko

這是一款由「Hobonichi（ほぼ日）」公司所經營的貓狗SNS手機應用程式。只要登記家中共同生活的貓狗資料，投稿時順便附上照片與留言，就能天天為家中的毛小孩留下紀錄。不僅如此，還能看見世界各地的毛小孩。而傳遞員工留言及推廣資訊的「放送局」更是備受喜愛。只要與自身所在地區以及動物連線，萬一家裡的貓狗走失時，就可以立刻製作協尋啟示，有助於搜尋走失的寵物，而且亦可為災害做好準備，掌握鄰近的避難所。不管是家中的貓狗、附近的貓狗還是遠處的貓狗，這是一個可以讓各地的飼主關係更加密切，深受動物愛好人士喜愛的手機應用程式。
在本書中，還有許多大家投稿到Dokonoko的狗狗照片。

提供狗狗照片的飼主

ゆうとえみ／テラらん／nico／Sayuki／おーこ／あさきち／hamachitt／misan／レオ・ローズ／ねーさん②／くま太／きゃと／こゆぽん／大瀧さんち／きよえ／Yasue_da／kaori🐾／Yu／ちびっこ／柴chans／光明寺紀子／るくマミィ／玲子／まどさん／ペロタンズ。／yoshi_textile／しっぽ子／emiffy／うきちく／たま／ashyco／おたかさん／阿部敏明／チハル／はちまる／moco&pino／Miyuki:)／tomox／ぶん／タナカ／さとのり／コバ／ちびず／こゆきとゆきママ／boosan／ishi／あかさん／凪／Mariri／jack & zach／Satoshi Yoshida／YOKO TOHO／nishimura／ペコちゃん／sato／Miki／ナツ／s_k／みきちぃ／tea-tree（A.I 琥珀の母）／紫愛／MK／Sun／☆Maki☆／てつ&くら／sao／Yuka Hagiwara／chocolat／paritora／moko／まゆ／るーたん／鼻ママ／KIRISUKE／じゅべもん／hanabiota／ピコラママ／anna／ジョーたん／ＰＯＫＡ／ラブ君💜／なぎママ／りにゃいろ／mikako／あっちゃん／Maru／yoko／あらいのりこ／Shigekazu Yokoyama／ショパンママ／masayo／カワ♪／yukarinzu／マキ MAKI／yuki／マユ／こてまむ／Nana Tanaka／momota1228／inoyuri／きよみ／日々／うめ／みのり／れいこ／Non／まろママ／エル／かおり／kataiku／ぴのかか／ゆう／みどり／つばき／ちゃんえん／mariko／yumi.／まさみ"

其他登場的狗狗

PERIE（P2-3）／大福（P4, P50-51）／安妮&貝利（P4, P82-83）／MOKOZOU（P5）／巴爾托&布魯太（P6）／KOHARU（P6）／和音（P7, P20-21）／七海（P7, P138-139）／KAIKO（P8, P124-125）／TAMA（P9, P64-65）／HAGU（P38-39）／FUKU（P98-99）／比特（P112-113）／梅子（P154-155）／SPARKY（P162-163）

Inu Medical

生活篇

生活篇

狗狗居家也瘋狂

讓狗狗過得健康長壽的

7個約定

每天都在太陽下朝氣蓬勃地散步，
充分攝取美味的餐點，待在放鬆的場所安心入眠。
如果還能跟最愛的主人交流，
狗狗的生活就會幸福到不行。

心靈平穩很重要

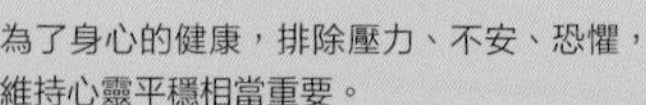

為了身心的健康，排除壓力、不安、恐懼，維持心靈平穩相當重要。

→ P.38

做運動鍛鍊體力與肌肉

狗狗很愛運動。在散步、玩耍中運動不僅可以增強體力，在戶外接受各種刺激也能讓心靈成長。

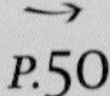

→ P.50

透過睡眠讓身體慢慢休息

睡眠是解除一整天的疲勞，讓腦內煥然一新的重要時段。動物不會熟睡，因此安穩的睡眠環境至關重要。

→ P.66

體驗暢快感度過沒壓力的生活

進食是狗狗最大的暢快感之一。優質的餐點可以打造出強健的體魄。食慾滿足了，心靈也會飽足。

→ P.20

打造狗窩

尺寸剛好的睡床，就像狗狗往昔居住的巢穴那般，能讓狗狗感到放心。就算狗狗可以在家中自由活動，也要打造狗狗的狗窩。

→ P.68

維持舒服的觸感

美麗的毛髮和皮膚，代表狗狗很健康。適度替狗狗梳毛和洗澡，就能維持身體的美麗，保持健康。

→ P.98

維持生活品質（QOL）創造生活價值

QOL即Quality of Life，也就是生活品質。讓狗狗擁有「五大自由」是最基本的條件。

→ P.42

生活篇

PART 1

飲食照護

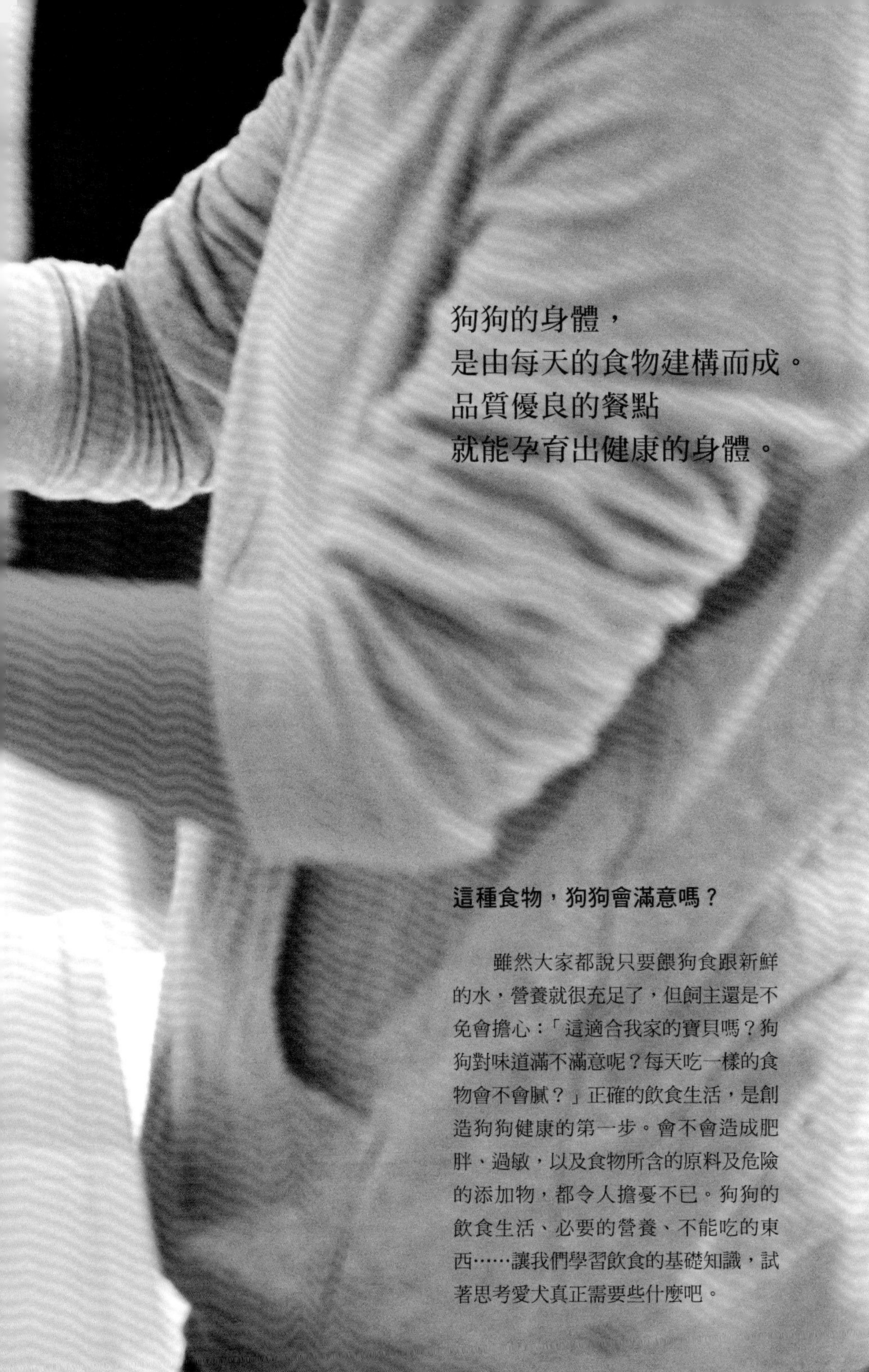

狗狗的身體，
是由每天的食物建構而成。
品質優良的餐點
就能孕育出健康的身體。

這種食物，狗狗會滿意嗎？

雖然大家都說只要餵狗食跟新鮮的水，營養就很充足了，但飼主還是不免會擔心：「這適合我家的寶貝嗎？狗狗對味道滿不滿意呢？每天吃一樣的食物會不會膩？」正確的飲食生活，是創造狗狗健康的第一步。會不會造成肥胖、過敏，以及食物所含的原料及危險的添加物，都令人擔憂不已。狗狗的飲食生活、必要的營養、不能吃的東西……讓我們學習飲食的基礎知識，試著思考愛犬真正需要些什麼吧。

瞭解狗狗的飲食生活

狗是偏雜食性的肉食動物

狗是隸屬哺乳類「食肉目」分類下的動物，同時兼具需要碳水化合物、蔬菜甚至水果的雜食屬性。適合撕裂肉類的42顆尖銳牙齒，彰顯了其肉食屬性，而以肉食動物而言略長的腸道，則顯示著少許的雜食屬性。由此可知狗狗是偏雜食性的肉食動物。

狗狗的嗅覺高達人類的百萬倍，用來感知味道的味蕾卻僅有人類的1/5，相當地少。據說其味覺感度比人類差，僅能感受到甜味、酸味、苦味、鹹味。相較於味覺，不如說狗狗是靠著優異的嗅覺來判斷「要吃、不吃」。另外，狗狗也有能力感知人類所嘗不出來的水味（酸鹼值）。

有多少食物就全部吃掉是狗狗的習性，而且其進食速度相當地快，不太咀嚼就會吞下。一般認為是由於在狗狗成群狩獵的野生時代，打獵的成功率不高，就算捕獲獵物也可能遭夥伴搶先吃掉，因此才會發展出這種進食方式。

吃東西是動物的本能，但飼主必須要予以管控。不能讓狗狗餓肚子，然而吃得太多又會引發肥胖。肥胖是多種疾病的成因，所以必須按年齡、體重、運動量，提供適切的每日餐點分量（第29頁）。

狗狗比較不挑食，什麼都吃，
但也必須瞭解牠們天生的食性，才能給予正確的飲食。

狗狗飲食的6大要點

— point 1 —

瞭解食物的成分

挑選狗食最好先確認成分標示，選擇未使用劣質原料、營養夠均衡的食物。→P.26

— point 2 —

留意添加物

要仔細確認食物中是否摻有危險的添加物。連同第①點，選用值得信賴的食物非常重要。→P.26

— point 3 —

合乎年齡的飲食

幼犬、成犬、高齡犬等，各個年齡的代謝量和應攝取的營養都有差異，因此飲食必須配合年齡調整。→P.29

— point 4 —

重視用餐的時間

用餐時光是狗狗極大的享受。略過不吃或是等候太久，狗狗就會產生壓力。避免讓狗狗挨餓，也是飼主應遵守的「動物五大自由」之一。→P.42

— point 5 —

增添進食的喜悅！

除了狗食，若是能偶爾加上少量的肉和蔬菜當點綴，或者改成手作餐點，愛犬將會開心不已。選用正確的食材，身體狀況也會漸漸改變。→P.36

— point 6 —

向可信賴的通路購買

近期透過網路也能買到狗食，但是在方便的同時，卻也有保存狀態不佳或劣質的品項在市面上流竄，必須多多留意。要尋找值得信賴的購買途徑。
→P.25

認識狗食

主食是綜合營養食

狗狗的餐點即是狗食。由於容易取得、營養均衡、方便處理，許多人都會選用狗食來餵養愛犬。不過，狗食的種類多到不行，讓許多人都不曉得「該怎麼挑選才好」。即使已經想辦法盡量挑過了，但心中還是會不安，不確定是否真的妥當。

標有「綜合營養食」的食品，很適合讓狗狗當成主食每日攝取。在日本，這是經過寵物食品公平交易委員會所認證的食物，滿足了狗狗必要的營養標準。其中調配了均衡又理想的營養素，只需要跟新鮮的水一起餵食，狗狗就能維持健康。綜合營養食上頭，必定會標明適用的成長階段（幼犬、成長期、發育／成犬、成年維持期、保養／懷孕期、哺乳期／完全成熟階段、老年階段等）。

除了綜合營養食之外，還有當成副食品餵食的「一般食」、當成點心來餵的「零食（點心、零嘴）」，以及獸醫在狗狗生病等情況下為控管飲食所開出的「處方飼料」。除此之外，尚有「營養補充品」、「保健品」等等類型的食品。除了綜合營養食之外，也有某些食品會標示「請跟零食型、綜合營養食搭配餵食」等資訊。

乾飼料、狗罐頭，還是別的？

狗食的類型相當多元，各自有利有弊，但不論如何，主食都要選綜合營養食。乾飼料大多數屬於綜合營養食，其他則是由綜合營養食和一般食混合而成，請務必確認成分標示。

乾燥型：水分含量10%以下的食品。有硬度的顆粒會磨擦，據說比起濕型，比較不容易長牙結石。很耐餓，價格親民，開封之後也可以久放。有較多添加物。多半都是顆粒狀，不過如今也有片狀、冷凍乾燥生食型登場。

半濕型：介於乾濕之間的食品，在日本有分含水量10～30%的軟乾型，以及20～35%的半濕型。適合食量少、偏食或是高齡的狗狗。

濕型：含水量75%以上的食品。香氣跟口感都很棒，咬起來很帶勁，但由於水分較多，意外地容易餓。價格偏高。開封後無法保存太久。有罐頭、袋裝、條裝、薄膜包裝等型態。

每天的餐點，之於身體健康舉足輕重。
對狗狗而言，用餐時間更稱得上是每天最期待的時光。

正確存放，防止劣化

購買狗食之際，務必要確認保存期限。乾燥食品開封後，只要密封好存放於陰涼處，大約1個月內都可食用，但風味會漸漸流失。倘若接觸空氣或照到光，脂質氧化轉變為脂質過氧化物，將對健康造成不好的影響。食物從開封的瞬間就會開始劣化，若是以原袋保存，要盡可能去除空氣，或移入密封容器中（最好是真空容器）等，避免高溫潮濕的環境。分裝成1週的分量後密封冷凍，也是一種保存方法。此外若店家管理方式不當，亦可能導致食品劣化，因此選擇值得信賴的賣家相當重要。

濕型無法久放，在開封當天就要食用完畢，如果吃不完，則要按包裝上所寫的方式存放在冷藏庫內。

再多瞭解狗食

何謂好的食物？

閱讀包裝上的成分標示，是辨別優質食物的首要之舉。尤其應確認的項目是「原料」。以肉為例，就要選擇具體標明肉品種類的商品，諸如牛肉、火雞、去骨生雞肉等。若是只有「肉類」、「家禽類」之類的模糊描述，就可能是稱為「屠肉副產物」或「4D肉」（註：Disease（疾病）、Dying（垂死）、Dead（已死）、Disable（殘疾）等4種類型的動物肉品）的肉類副產物（骨頭、皮、內臟、碎肉等可與廢棄物劃上等號的部分）。另外考量到狗狗天生的食性，原料中比起穀物，更適合選擇大量使用魚、肉類的產品。原料會從用量最多者依序列出。也有些廉價食品會用穀物來灌水。

應留意的添加物

很遺憾，狗食在日本並不屬於「食品」，而被分類為「飼料」，不受人類食品相關法令的規範（註：臺灣的寵物食品已納入規範）。日本的人類食品雖由《食品衛生法》限制了432種添加物，在《寵物食品安全法》之中，卻僅僅限制了4種。食物是否安全，必須由飼主自行判斷。

問題尤其嚴重的2種添加物，是「抗氧化劑」與「人工合成色素」。抗氧化劑「衣索金（Ethoxyquin）」是禁止用於人體的添加物；BHT、BHA已知具有致癌性。人工合成色素包括莧菜紅、紅色7號、紅色40號、夾竹桃紅一般認為皆會致癌，相當危險。藍色1號、黃色5號已知會引發過敏。購買時記得確認是否含有上述物質，要盡量選擇添加物較少的產品。

日本《寵物食品安全法》

正式名稱為《寵物飼料安全性確保法》，於2009年上路實施。業者有義務在食品包裝上標註產品名稱、保存期限、原料名稱、原產國、業者名稱等5個項目，亦必須註明目的、內容量、餵食方式、成分等4個項目。此外某些商品尚會標榜是根據「美國飼料管理協會」（AAFCO）的寵物營養需求標準打造而成。日本的綜合營養食，皆是採用美國飼料管理協會的寵物營養需求標準。

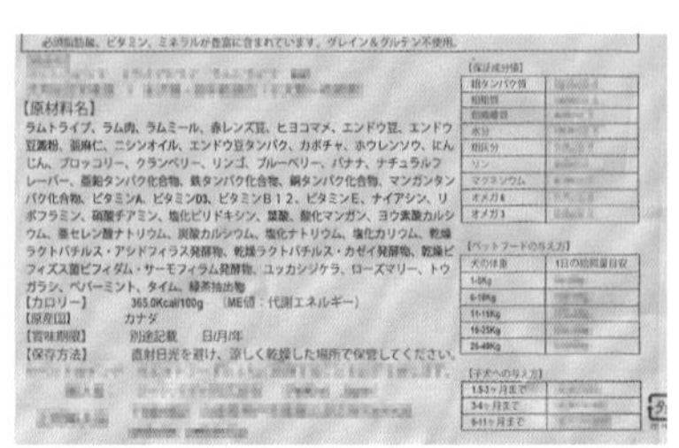

尋求安全又健康的食品

如今，比起在超市等處可輕鬆取得的一般寵物食品，更安全、品質更好的頂級寵物食品愈加受到矚目。這些大多是國外廠商的製品，不過國產食品也在逐漸增加當中，兩者皆會主打右邊所列出的特點。此處所列舉的稱呼沒有既定的標準，未必能夠保證品質、安全性和效用。另外，也不代表「所有添加物對狗狗都不好」、「狗狗不應該吃穀物」。

近期，愈來愈多人都會親自做飯給愛犬吃。能得知用料，讓人很放心。

頂級寵物食品的特徵與關鍵詞

Human Grade（人類食用等級）
這類等級的飼料使用人類食用標準的食材，符合《食品衛生法》等法規的安全標準。

Organic Food（有機）
這類飼料的原料是用有機飼料餵養的家畜、家禽肉，或者有機栽種蔬菜，不含有荷爾蒙劑及化學物質。符合有機認證團體的高品質標準。

Natural Food（天然）
這類飼料的原料只使用天然食材，完全不含抗氧化劑等添加物。

Grain Free（無穀物）
這類飼料不使用穀物。有看法認為，近乎肉食的狗狗不需要穀物。另外這也是為了避免肥胖、過敏的一種健康食品。

Gluten Free（無麩質）
這類飼料不含「麩質」，這是小麥類等所含有的一種蛋白質。

藥膳狗食
這類飼料根據中醫、漢方的考量，旨在藉由食材效用促進自然治癒能力。

抗過敏原料
使用鹿肉、馬肉、水牛肉、草飼牛肉（不吃穀類的牛）等肉類，或使用鮭魚等原料來防止獸肉過敏的飼料，如今也亮相登場了。

生活篇 PART 1 飲食照護

頂級寵物食品概況

	人類食用等級	有機	天然	無穀物
食材	人類食材標準	無農藥・有機	無農藥・有機	一般
動物性蛋白質	○	○	○	○
穀物	△	○	○	—
添加物	△	—	—	△

這是主打高級、健康取向的頂級寵物食品概況。稱呼標準會依廠商等因素各有不同。挑選國外製品時，也要仔細確認原料和成分。

要活就要吃

愛吃才能活得久

飲食品質有所提升，是現今狗狗變得長壽的重要因素。隨著犬類營養相關研究的進步，狗狗漸漸能依照不同的生命階段及體重，適當攝取營養均衡的狗食。而狗狗的生命之源也在於「食物」。有食慾就代表精神飽滿。若從平時就養成好好吃飯的習慣，即使進入高齡階段，這個習慣也能繼續保持下去。認真吃飯，攝取必要的熱量，狗狗才能活得長長久久。

狗狗的必要營養素

狗狗的三大必要營養素，跟人類幾乎相同，但是蛋白質的需求量比人類還大。其比例為碳水化合物57%、蛋白質25%、脂質18%，這個比例分配會按照年齡和運動狀況逐漸變動。另外也有人納入維生素、礦物質，合稱為五大營養素。

- **碳水化合物**：此營養素為狗狗的能量來源。這類食物由醣類和植物纖維所構成，需要採取易消化的餵食方式。攝取過量將會導致肥胖。米、小麥、豆類、水果等皆含碳水化合物。
- **蛋白質**：這是狗狗最必要的營養素。在培養免疫力和肌力方面不可或缺。動物性蛋白質包括牛肉、雞肉、豬肉、魚等；植物性蛋白質如大豆、小麥等，某些類別的蔬菜水果中也含有蛋白質。
- **脂質**：此營養素亦是能量來源，可維持毛髮、皮膚的健康，增進對食物的好感。分成動物性和植物性，魚類、肉類、豆類等皆含有脂質。

三大必要營養素的比例

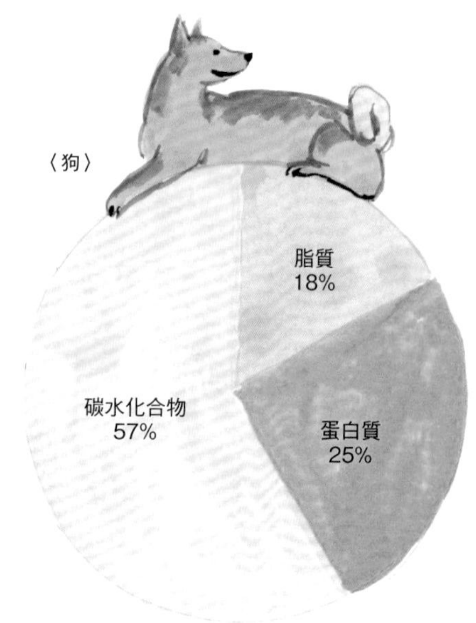

1天的飲食量

狗狗1天的必要飲食量，可以從該隻狗狗1天所消耗的熱量換算出來。不過在食品的成分標示上，會註記各種體重的建議餵食量，所以比較簡單的方法是，一開始先參考建議餵食量，之後再按照體重變化來增減飼料的量。

在幫飼料加料、餵零食的時候，要盡可能減少相應的飼料分量。另外，運動量較大的狗狗也會消耗較多能量，因此飼料要給更多；若狗狗食量較小，則要適量給予高熱量的食品，必須視情況調整。

狗狗就跟人一樣，過胖會引發許許多多的疾病。為了確認餵食量是否適當，每天都要確認狗狗的體重。

各年齡的飲食考量

各成長階段的必要營養素會有所變化，提供適合該生命階段的飲食相當重要。

- **～1歲齡：**此時期必須攝取成長所需的能量和營養素。尤其在幾個月大的時候，是狗狗飛速成長的時期，必須攝取具有營養價值的食物。此時狗狗的身體還很小，每次僅能吃下很少的量，因此要增加餵食次數。
- **～成犬期：**此時為了維持健康，要注意營養均衡。長到成犬之後，就要改成每天餵食2次。需留意肥胖問題。
- **～高齡期：**此時基礎代謝量逐漸變少，因此要一邊留意體重，一邊調整所攝取的能量。如果已經不太能吃乾燥型狗食，可用熱水或湯汁泡軟，或者改換成濕型狗食。

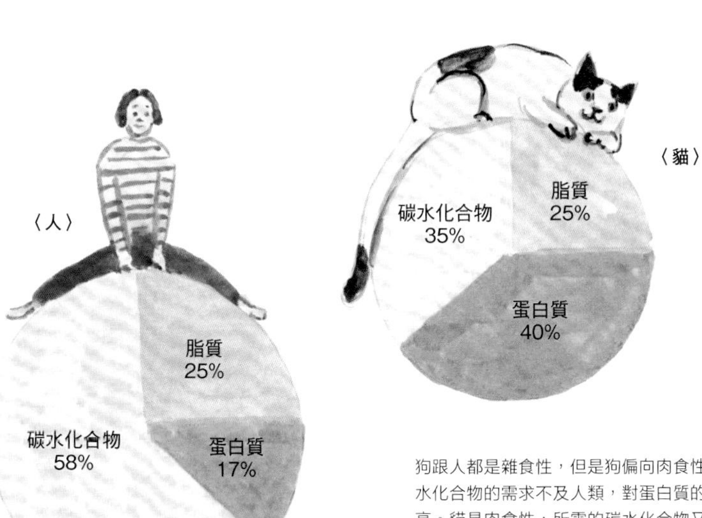

狗跟人都是雜食性，但是狗偏向肉食性，因此對碳水化合物的需求不及人類，對蛋白質的需求則比較高。貓是肉食性，所需的碳水化合物又更少，並需要更多蛋白質。

出處：《小動物の臨床栄養学》第5版

可以吃零食嗎？

最喜歡吃零食了！

餅乾、小饅頭、肉乾，還有磨牙骨、磨牙棒、起司、脆片等，狗用零食的類別實在豐富，現在也有無添加物或零熱量的商品出現在市面上。狗狗最愛吃零食了。

零食常被用作訓練時的獎勵，另外也有具補給營養、保健口腔等功用的類型。可是並不是狗狗想吃就給牠，要按目的選擇，適量給予才行。

零食可以餵多少？

零食的餵食量總令人傷透腦筋，其實只要跟主食加起來不超過每日應遵守的熱量，就沒問題了。參考分量大約是主食的10%～20%。若包裝上寫有餵食方式，就要遵守指定做法。

零食不過是正餐之間的點心。只吃零食果腹，不論對人類或狗狗來說都不甚理想。如果老是只吃容易上癮的零食，不僅可能會不想再吃主食的飼料，更糟糕的是會營養失衡。

請記得若非必要，不餵零食也沒關係。另外，零食也跟飼料一樣，必須留意原料的品質優良與否、有無危險的添加物。

訓練零食的挑選方式

訓練零食，就是所謂訓練時給予狗狗的獎勵。通常都會選用狗狗容易愛上的狗用零食，但是給予太多會有熱量過多之虞，尤其是在幼犬期大量訓練的時候。

比較建議的做法，是將每天都在吃的主食品當成訓練零食。從1天份的食物中撥出獎勵用的分量，就能防止熱量過多。乾燥型狗食可以帶著走，要當成散步期間的獎勵也很方便。等到狗狗經過訓練，學會各式各樣的事情之後，改以狗狗會感到開心的互動（稱讚、摸摸等）來當作獎勵，會比訓練零食更恰當。

也有內藏零食的玩具。

若有適切進食，零食並非絕對必要。
但為了交流，或讓狗狗更喜歡吃東西，適量餵食也不算壞事。

需要餵保健品嗎？

只要能適當攝取綜合營養食，即使不餵保健品也無妨。但若在健康方面有狀況，就可以當成健康補給品來使用，藉以改善如腳部和腰部的動作、皮膚和毛髮的光澤、排泄狀況等。

變成高齡犬後，如果感覺狗狗身體變衰弱，可以攝取含有Omega-3脂肪酸等具有抗氧化效用的不飽和脂肪酸、飽和脂肪酸、維生素類的保健品來預防老化。此外配合癌症療程，可攝取含β-葡聚醣的保健品；若要進一步提升免疫力，亦可增加乳酸菌、比菲德氏菌等好菌的攝取，提升消化吸收率，療程會更有效。

保健品並非醫藥品，因此若狗狗的身體出現顯著不適，就必須前往醫院。以跟人類相同的邏輯來運用保健品，應該會更好懂。

食慾大開的狗狗

今天會掉什麼食物下來呢？

可以吃這個嗎？

好睏，但是好想吃……。

More pleasure to eat.

我選這個麵包。

夏天就是要吃小黃瓜。

這是我每天早上的樂趣。

這滑溜溜的是!?

今天吃什麼呢？

差不多該吃飯了喔！

想跟主人吃一樣的食物

會引發中毒的食物

在我們日常可見的食物當中，有些食物可能會讓狗狗中毒，最糟糕甚至可能會致死，因此必須十分小心。

蔥蒜類（洋蔥、蔥、韭菜、大蒜、蕗蕎等）：這些食物中所含的「烯丙基丙基二硫醚（Allyl propyl disulfide）」會破壞紅血球，引發貧血症狀。體重每公斤若攝取洋蔥達15g，例如體重10kg的狗狗，只要吃約3/4顆洋蔥的量，數天內就會發病。不只是生的蔥蒜類，有加蔥的菜餚也很危險。

巧克力：巧克力之中所含的可可鹼具有毒性，在1～12小時以內，就會引發嘔吐、痙攣等中毒症狀。體重每公斤若攝取黑巧克力達5g，例如體重10kg的狗狗，只要一片黑巧克力就會發病。可可同樣不OK。

木糖醇：攝取後會導致胰島素過度分泌，引發血糖過低、嘔吐、腹瀉、意識低迷、全身無力、昏睡等狀況。從攝取後30分鐘～數天內就會出現中毒症狀。體重每公斤若攝取達0.1g，例如體重10kg的狗狗，僅需2小粒口香糖，就有可能發病。除口香糖之外，牙膏、常見餅乾的甜味劑中都會大量使用木糖醇，要多多留意。

夏威夷果：病因物質不明，但在12小時以內就會引發嘔吐、全身無力、腹痛、高燒等。另外要注意堅果類也會引發腸阻塞。

葡萄乾：病因物質不明，但會對腎功能造成損傷，2、3小時後～72小時以內，即會從腹瀉、嘔吐轉變成脫水、多喝多尿。也可能導致急性腎功能衰竭。體重每公斤若攝取達11～30g，例如體重10kg的狗狗，約200粒葡萄乾就會發病。葡萄的濃度不及葡萄乾，但同樣不行。

材料可能會不小心掉到地上。
在烹飪期間禁止狗狗出入比較保險。

不該給狗狗吃的東西

有些東西並不是對每種狗狗都不好，但只要稍有風險，就不可以冒險餵食。酒類跟咖啡更是不能讓狗狗喝到。辣椒、胡椒、香料等會對狗狗造成過強的刺激，應該避免。從前大家就常提的雞骨，雖然實際上很少發生意外，但還是避免為佳。據說會讓消化變差的花枝、章魚、蝦子等也是一樣。另外，加工食品的添加物也該留心。

有的狗狗吃了什麼都沒發生，有的狗狗則是才吃一些就演變成危急事態。唯有飼主才能幫狗狗避開風險，請把這件事好好放在心上。

讓狗狗吃狗狗的餐點

不少狗狗都會對人類的餐點感興趣。聞到香噴噴的食物、看到家人吃得津津有味的樣子，皆可能激起狗狗的興致，相信狗狗應該很想跟家人同桌用餐吧。當狗狗吃到無意間掉在桌上的菜餚，也會覺得「好好吃！」。

人類食物的鹽分很高，若是狗狗過度攝取，很可能會對心臟和腎臟造成影響，要特別留意。另外人類食物中的糖分、油脂成分、熱量，以狗狗的飲食標準來說都是過量，如果吃太多就會造成肥胖或生活習慣病。

能否讓狗狗吃我們的食物？各個家庭都有各自的方針，並非不可為之，但狗狗無法自行辨別什麼對身體好、什麼對身體不好。飼主的職責舉足輕重。就算要吃一樣的餐點，也必須保持一定的界線，包括使用各自的餐具、在不同地點用餐等。

另外，為了不讓狗狗執著於人類的餐點，跟狗狗對話、嬉戲以充實心靈，視狗狗的體力適當運動，也都非常重要。

狗狗會在意餐桌上的食物是理所當然的。若要跟狗狗一起用餐，請飼主避免餵食對狗狗的健康有風險的食物。

狗食以外也非常歡迎！

加料時的建議

狗狗最愛吃東西，大多數的狗狗食慾都很旺盛，但也有些狗狗小鳥胃、吃不多，或者愛挑食、只吃喜歡的。有時身體狀況不佳也會導致食慾不振。在狗狗偏食或食慾變差時，建議在平時的食物加點料或淋上湯汁。湯可以用柴魚片、小魚乾、雞肉等來熬煮。

此時要以乾飼料為主食，加點蔬菜和肉或淋上湯汁，再拿給狗狗吃。當然，拿給食慾旺盛的狗狗牠也會吃得很開心。記得要調整乾飼料等主食的分量，以免熱量過多。

「還沒好嗎？今天吃些什麼呢？」
超級期待。

手工餐點也是一個選項

手工餐點的好處多多，既能提供乾飼料容易攝取不足的水分，還能吃到新鮮的維生素、礦物質、胺基酸、有助消化的酵素等營養成分。蔬菜特有的植化素具有抗氧化作用，在延長壽命、預防疾病方面同樣效果可期。也很推薦飼主在各個季節提供具有高營養價值的當季食物。

為狗狗調製的手工餐點，基本上「不能調味」。加熱到約莫人體肌膚的溫度，就會產生香氣，讓狗狗更愛吃。要考量營養比例，混合穀類、魚或肉、蔬菜。拿給狗狗吃之後，則要留意排泄物中是否留有未消化的部分。

其實有不少狗狗，都會被主食上的加料或手工餐點中使用的蘋果、花椰菜梗卡住喉嚨或堵塞腸道。狗狗的牙齒形狀並不適合磨碎食物，因為太好吃就吃得太快、囫圇吞下，就會造成上述情形。膳食纖維同樣不好消化，因此蔬菜水果都要經過處理，如切成碎末、先煮軟等等。

水乃生命之源

水對狗狗來說是維持生命的必要之物，只能從外界攝取。光是失去體內20%的水分，就足以致命。以成犬而言，體重中約有65%是水分，其中2/3位於細胞內部。因此細胞內液的占比高達體重的40～45%，藉以執行代謝以及複雜的化學反應。另一方面，細胞外液則占體重的20～25%，以血液和淋巴液的型態存在，是氧氣、二氧化碳、營養素及其代謝產物、抗體、白血球等的輸送媒介。另外在酵素帶動消化、調節體溫時也需要水分。若水分攝取量過少，血液會變得濃稠，除了引發內臟疾病之外，更會加速老化。飼主要記得經常備妥新鮮的水，如果狗狗飲水量太少，就要多費點心，在餐點上淋溫水或湯汁等。

「玩樂之後的水最好喝了。」
能夠把握飲水量是最理想的。

比起礦泉水，
比較推薦自來水（可以的話
最好去除次氯酸鈣）。

身體的水分會因尿液、糞便、從唾液或肺蒸發等，隨時隨地在流失。為此補充水分相當必要。如果一直都沒有喝水，狗狗就會漸漸產生脫水症狀。

狗狗需要的飲水量會受氣溫、運動量、餐點是乾是濕及水分含量影響，但大約是體重每公斤30ml乘上1.2倍。算式如下：「**（體重×30）×1.2＝每天所需水量**」。以體重5kg為例，就是180ml；體重10kg的話則為360ml。當單日飲水量超過體重每公斤90ml，就要視為多喝症狀，應懷疑是否有內分泌等疾病。

為了讓愛犬愜意地喝水，飼主隨時都要悉心準備新鮮的水，可以的話最好還要測量狗狗單日的飲水量。

生活篇

PART 2

心靈照護

狗狗也有心靈，
感受得到壓力。
心靈會影響健康，
這點狗狗也是一樣的。

今天你的心情如何？

狗狗既有活蹦亂跳更勝以往的日子，也有整天都在睡覺的日子。有時一個勁地眺望著窗外，有時熱中於在家中巡邏。開心、慵懶、忐忑不安，狗狗每天都有不同的心情。這些情緒會展現在行為舉止之中，如果狗狗表示不安或不滿，就要盡快幫忙消除壓力！若能不錯過愛犬傳達的訊息，理解牠想告訴我們的事情，才是最棒的。

讓心靈相通

凝視彼此，就會分泌催產素

狗跟狼具有共同的祖先，兩者之間最大的差異，在於狗狗很擅長跟人類溝通，而其中視線交流尤其關鍵。在狗狗跟人彼此凝視之際，兩者的催產素濃度都會上升。催產素別名為「幸福荷爾蒙」，以懷孕、生產時會大量分泌而聞名，如今我們則已得知，它還有舒緩壓力、營造幸福感受、締造信任關係等等的功用。

當狗狗感到困擾或者有需求的時候，同樣會看向人類。其中有一些狗狗光是待在人類身邊，催產素濃度就會上升，程度似乎比被撫摸時還要強烈。

而狼則不同於狗，不會對視線產生反應；跟人類基因相近的大猩猩亦是如此。唯獨狗狗，在進化過程中習得了透過視線溝通的能力。曾經有柴犬的實驗結果顯示，母狗的催產素濃度會比公狗提升更多。

狗狗具有情感嗎？

一般認為狗狗是最古老的家畜動物，源於距今五萬年前。養狗的初期用途不明，但狗狗的氣質無疑很適合與人類共同生活。接著在距今一萬年前，狗狗開始在共同生活中展現牠的能力，漸漸得以靠著視線與人類溝通交流。推測狗狗應該也發揮了牠們獨有的包容力。

狗狗善於解讀人類的行為舉止。這必須要有一定的感受力方可辦到，足以顯示出牠們具備著共鳴和體貼的情緒。所以當飼主開心，狗狗也會開心。

狗狗會在舉止間表達各式各樣的心情。

一直被狗狗凝視著，就會產生幸福的心情。
沒想到狗狗也有著同樣的心情，身為飼主沒有比這更開心的事了。

這跟人類的母子關係相當類似。

理解心情，管控健康

當我們因工作疲累而無精打采，或是生病感到不適時，狗狗總會一副擔心的模樣，陪伴在我們身旁。牠們能夠敏銳察覺出人類的心情。而和狗狗一起生活，也有助於我們的身心健康，例如具有降低氣喘發作機率、減緩異位性皮膚炎症狀、改善代謝不良、焦慮症等等的效果。

如同狗狗為我們所做的一樣，我們亦能從狗狗的視線得知牠們的感受。在狗狗困擾、有需求的時候，我們應該陪伴在側，讓牠們感到安穩。發現狗狗的身體不適，是飼主的重大職責。包括視線在內的各種交流，都是彼此健康管控的一環。

也會有
情緒低落的日子

壓力會縮短健康壽命

狗狗也有牠們的心靈和情感。一般認為狗狗就像是2～2歲半的人類，雖然程度不及人類的成人，但仍具備快樂、悲傷、憤怒、恐懼、愛等基本情感。因此，若發生討厭的事情，狗狗也會意志消沉，如果壓力超越限度，甚至會引發身體不適。想要讓愛犬過得健健康康，飲食和住處雖然重要，但「心情」亦是舉足輕重。舒適地過活、沒有壓力，狗狗才能維持健康。

除了下列的「五大自由」受到剝奪之外，壓力的成因形形色色，但每一項都是飼主能夠為狗狗改善的。

- **心理壓力**：欲望無法滿足、焦慮、緊張、恐懼、悲傷等。
- **環境壓力**：不衛生、噪音、過熱、過冷、狹窄等。
- **身體壓力**：受傷或疼痛、受苦、過度營養不良、運動不足等。

面臨壓力時，身體會產生自我防衛機制，稱為「一般適應症候群」，其中包含下列3個階段。

①警覺反應期：設法適應壓力，調適心情。

②抗拒期：抗拒壓力，試圖取得平衡。若能取得平衡則可以恢復平穩，但為此會消耗龐大的能量。

③衰竭期：抗拒的能量枯竭，不敵壓力源（造成壓力的原因）而產生不適。

動物的五大自由

動物的五大自由（The Five Freedoms for Animals），在1960年於英國提出。這個獨特的概念不同於動物福利，對象是由人類控管的所有動物，旨在將其痛苦、壓力等心理上的苦痛降低至最小限度。

1. 免受飢渴之自由	不受飢餓乾渴之苦、營養充足。
2. 免於不適之自由	冷熱適宜，免於噪音或不衛生的生活環境。
3. 免於痛苦、外傷、疾病之自由	維持良好的健康狀態，能獲得含疫苗在內的適切醫療待遇。
4. 按天性行動之自由	不受限制，可做出動物的自然行為。
5. 免於恐懼、苦楚之自由	不受人或動物所虐待，不受嚴厲責罵。

這些自由，看起來本是理所當然要遵守的，但包括讓動物在大熱天散步、把動物留在未開冷氣的家中、對動物大肆發怒、未能察覺疾病和傷勢……在稀鬆平常的日常生活中，牠們的這些自由，或許正在受到威脅。希望大家都能再多想想，愛犬是否過得不太開心呢？

狗狗似乎也會有莫名提不起勁的日子。
記得要觀察牠們的神情、舉止上的變化，幫助牠們減輕壓力。

壓力帶來的變化不僅發生於內在層面，亦會顯現於外在上，如掉毛、血尿、過敏等。若壓力過大，甚至可能做出自己傷害身體的自殘行為。壓力會如同上述般損害狗狗的健康，這點請飼主務必要放在心上。

消除壓力

住處是否清潔舒適？狗狗是否受傷或生病了？首要之務是找出壓力的來源，將之排除。也可以餵食狗狗最喜歡的食物，或藉由散步來轉換心情。而最棒的壓力排解法，就是跟飼主互動交流。陪在狗狗身邊吧！對狗狗而言，跟最愛的人開心地共度時光，就是最好的減壓照護，可以延長狗狗的健康壽命。

狗狗在說什麼呢？

我們身上的花色一樣耶。感覺可以當好朋友喔。

現在我想獨自靜一靜。

「喂，來玩嘛！」「好、好啦。」

What are you talking about?

要不要來拔河？

髮型亂掉了～

不同品種也是好朋友喔。

抱歉，現在不想跟你玩啦。

陽光好舒服喔。

別在意。

想瞭解狗狗的心情

跟狗狗增進感情的方法

狗狗非常喜歡積極的話語。對狗狗說出「good！」、「你真乖」等話語時，牠們會很開心，並會做出舉動來回應「我知道了」、「謝謝」。最新的研究結果指出，狗狗能夠從人的語調中理解其情緒。話語愈是正面，對狗狗而言會感到愈開心，因此情緒也比較容易傳達給狗狗，能夠逐漸加深信任關係。

至於我們人類，一樣也能解讀狗狗的情感。但狗跟人之間不具有共通的語言，因此好好關注狗狗甚是重要。

狗狗會透過動作（有時也會加上狗語）來表達情感。前幾次看不懂相當正常，不過在不斷交流的過程中，飼主就會漸漸理解某些動作或話語所想表達的意涵。

何謂安定訊號？

安定訊號（Calming Signals）是動物所特有的肢體語言，動物會做出某些行為以轉移自身的注意力。此現象在跟人類共同生活的貓狗身上尤其顯著。當感覺緊張、有壓力的時候，狗狗為了安撫自己，會突然打起哈欠、靠過來搖尾巴、壓平耳朵、移開視線、身體不癢卻突然搔抓起來等等。這是狗狗下意識的舉動，但動作的背後是有理由的。另外，狗狗有時也會刻意靠過來舔舐人

跟陌生人也能變要好

蹲下後放低視線，用溫柔的嗓音搭話。
讓狗狗嗅聞氣味，狗狗就會明白這個人好像不錯、似乎可以變得要好。

臉、開開心心地小便，或在未要求之下跑來握手，表達牠的開心。從這些行為都能解讀出狗狗的心情。

狗對同類也會釋放出安定訊號，研判主要是用來避免非必要的對立。

碰觸互動也很重要

跟飼主碰觸互動，會讓狗狗心情愉悅。能被最喜歡的人撫摸，身心都會放鬆下來。狗狗尤其喜歡被摸下顎、耳朵根部、脖子、尾巴根部、額頭等處。我們自身處於放鬆狀態也很重要。狗狗不喜歡被人碰觸的地方，包括腳尖、肛門附近至尾巴末端。許多狗狗也不喜歡被碰到臉。

狗狗的舉止和心情

背向對方
除了表達沒有敵意之外，也是「現在不要關注我！」、「我不想做那件事」的一種暗示。

搔抓身體
因感到壓力而覺得身體發癢，抑或是在表達「現在抓癢比玩耍重要啦（不想玩耍）」。

舔舐鼻子、伸出舌頭
因壓力導致鼻水、唾液增加，或是可能在讓對方知道自己並沒有敵意。

勸架
為了維護團體內的穩定，狗狗不愛無謂的爭執。狗狗會試圖緩和人類夫妻吵架時的劍拔弩張，有可能是過往群體生活時所留下的習性。

狗狗老師的煩惱諮詢室 1

愛到昏天暗地的「狗狗都都逸※」

煩惱諮詢　其1

「我家主人睡覺時，我都會跑去一起睡。但我的睡相太差，總是被主人趕開。我該放棄同床共枕的交流方式嗎？」

我想到一種好東西
很適合表達你的這番心情。
且讓我來吟唱一首都都逸。

我在撒嬌耍賴
卻被推到一邊
被窩裡的人
為什麼這麼遲鈍

往後也要多多留意，
想一起睡，睡相要好看一點。

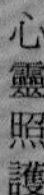

生活篇

PART 2

心靈照護

煩惱諮詢　其2

「我們家的飼主夫妻老是在吵架。好像是因為我的關係，再這樣下去好嗎？」

哎呀，在這世上，
沒有狗狗會管夫妻吵架的。
看來你已經成為家中爸媽
維繫感情的要角了呢。

明明是那麼迷戀的
兩個大好人
卻要避人耳目
當個狗畫像

註：都都逸為日本江戶末期的一種定型詩。

我心儀的對象
你在何方
真希望被紅線
牽住你我

你有喜歡的人（狗），
覺得這說不定是對方留給你的訊息，
還真是一段佳話呢。

煩惱諮詢　其3

「我每次散步時，都在同個電線桿跟牆邊，聞到同一股很喜歡的氣味。我覺得這是我命中注定的對象，實在好想當面聞聞對方的味道。我該怎樣找到對方呢？」

煩惱諮詢　其4

「主人每天一早就出門，說什麼要去『工作』，等到晚上回家以後，又會說『好累喔～』。情況嚴重的時候就完全不陪我玩。您不覺得那個『工作』應該要消失比較好嗎？」

不會細問
晚歸的原因
妻子的溫柔
讓人心生畏懼

人類有個文化，必須出外工作再回家。
相信你家主人也不太喜歡吧。

生活篇

PART 3

必要的遊戲與運動

到外頭走動，
感受各式各樣的氣味，
與未知的人與狗相遇，
對狗狗而言，
也是滋養身心的重要時光。

在家在外都要盡情玩耍

隨著散步時間接近，狗狗總會萬分期待地看向我們，彷彿在說「散步的時間要到了喔！」。而若將手稍微伸向牽繩，狗狗就會將時間什麼的全拋諸腦後，認為「已經要出門了嗎！」而感到相當雀躍，讓人心想「狗狗真的好喜歡散步喔」。散步跟玩耍的時光，不僅能解決運動不足的問題，還能釋放壓力、刺激本能，好處多多。或走或跑、到處嗅聞、挖洞、拋接球，這是狗狗的寶貴時光。

運動和遊戲讓狗狗更健康

健康的3大要點

想讓狗狗健康地過活，「飲食」、「運動」、「睡眠」最是要緊。充分滿足這3點，才算是理想的生活。在現代，狗狗已經成為家庭的一份子，在以室內飼養為主流的生活中，狗狗只要吃食物就好，過著理想的飲食生活，也不必擔心風吹雨淋，隨時都能入睡，環境可說是無從挑剔。但唯獨運動的需求，必須得靠飼主的積極作為，才有辦法滿足。比起綁在院子裡，狗狗在屋內的活動範圍或許更為寬闊，但老是悶在室內，終究會導致運動不足。不是吃就是睡，完全不運動，只會步上肥胖之途。更何況問題還不僅於此。

狗狗原本就熱愛運動。運動不足不只會累積壓力，總是待在同一個空間內也會感到相當無聊。狗狗會啃咬家具的腳、將衛生紙扯得到處都是，不單純是任性的惡作劇，亦可以視為狗狗對於無聊的一種抗議。狗狗會不乖，問題可能出在我們自己身上。若想要解決這類問題，就必須去散步跟玩耍。

不只散步還要「運動」

下大雨或颱風天，在無法出去散步的時候，不必出門也能辦到的，就是在家裡陪狗狗「玩耍」。就算待在家中，只要能讓身體動起來，就是一種運動，並且能消除壓力。此外，狗狗相當看重與飼主之間的交流，因此只要一起玩耍，就能讓狗狗感到心滿意足。

狗狗的遊玩道具

用線條或是布料拉拉扯扯、玩拋接球，皆是能激發狗狗狩獵欲的代表性遊戲。在成堆的抱枕等物品中翻找藏起來的玩具，這類尋寶遊戲則能滿足狗狗「挖來挖去」的欲望。

另外，狗狗也非常喜歡玩玩具。在幼犬時期，能夠啃咬的玩具可以排解乳牙即將掉落的焦躁情緒；布偶則能產生叼著獵物的感受，依照目的不同，有各種材質和形狀的遊玩道具。需要動腦找出零食的益智玩具，最適合讓狗狗獨自玩耍，也是狗狗最容易迷上的一種玩具。但切記應挑選不會誤吞或害狗狗受傷的玩具。

遊戲可以刺激本能

狗狗最喜歡跟飼主一起開心玩耍了！
追逐會動的東西、挖洞，都能刺激狗狗的本能。
這類遊戲可以當運動也可以消除壓力，還能跟狗狗增進感情。
但也要注意不能讓狗狗過度興奮喔。

拉拉扯扯

用繩索類的玩具或布料，來玩拉拉扯扯。有人會說不能讓狗狗獲勝，其實未必如此。要小心別讓狗狗誤吞脫落的線料。

挖洞找寶藏

挖洞就像是狗狗的一種工作。若在室內，就將抱枕跟毛巾之類的疊在一起，讓狗狗開心地挖掘吧。挖出寶藏（零食）的時候，狗狗會超級開心。

玩水

獵犬類、紐芬蘭犬、雪達犬這類會幫忙狩獵、捕魚的犬種非常喜歡水。請一定要帶牠們去水邊玩耍。記得注意安全！

拋接！

拋接球能滿足狗狗追逐移動物體的本能，是狗狗相當喜愛的遊戲。若能訓練狗狗接住後確實叼回，在狗活動區等戶外也能玩得開心。

散步是
狗狗每天的樂趣

散步的好處

散步的目的不僅僅是運動。狗狗光是從家裡出外走動，就足以減輕壓力。晴天時還能做日光浴。哪怕每天都走同一條路線，每天的天氣、風、氣味都會不同，跟老是在屋內看著相同的景色相比，實在是天差地遠。另外，能夠遇見家人以外的人類和狗、到處嗅聞味道、看見各式各樣的東西，對狗狗來說也是很好的刺激，在培養社會性的層面上亦極為重要。據說狗狗會透過在路邊嗅聞其他狗狗所留下的氣味，來跟同類交流。狗狗會這裡嗅嗅、那裡聞聞，想來也很合理。

「這裡有某種味道耶。」
相信狗狗每天都會有新發現。

透過散步，每天檢查健康狀況

每天觀察狗狗走路，就能留意到狗狗身體狀況的變化。例如不像平時那麼活潑、拖著腳走路、行為改變，都能藉以察覺傷勢或疾病。如果留意到排泄物有異，還可以及早發現疾病。

呼吸也是應該確認的一個重點項目。狗狗的呼吸次數，正常來說休息時每分鐘為20～30次。檢查呼吸次數有沒有異常的同時，也應該確認呼吸方式是否跟平時有所不同。尤其是鬥牛犬、巴哥犬等短吻犬種較易發生呼吸問題，請多多觀察。此外大型犬應該避免在用餐後馬上運動，有可能會引發胃扭轉。

各犬種、年齡的標準運動量

狗狗的運動量會因為犬種、年齡而異。小型犬每天散步1次，以30分鐘～1小時為宜。也可以早晚共2次，各散步30分鐘。小型犬的腳很細，長時間運動會造成負擔。如果狗狗不太喜歡散步，就在室內玩能當作運動的遊戲。

中型犬每天散步2次或1次，時間長度約1小時。大型犬每天散步2次或1次，花上1～2小時慢慢地走比較理想。另外，某些犬種無關乎體型大小，運動量本來就很大；某些毛孩子則是大

「哈囉，你好大隻喔。」
能夠碰見狗朋友，也是散步的樂趣所在。

即使不方便走路，也可以坐在推車裡散步。
光是感受外頭的風，就會很愉快。

「啊啊，大地的味道最棒了。」
各種不同的氣味能刺激心靈。

走在枯葉上會有沙沙聲，
狗狗一定也能感覺到秋天來了。

量運動仍舊容易變胖，瞭解狗狗的類型也很重要。狗狗較具活動力的時段是早上和傍晚，要以此搭配飼主的生活形態，確保狗狗運動的時間。

進入高齡之後，狗狗的代謝功能和肌力就會變差。如果狗狗開始討厭散步，便不要強迫牠。假如精神飽滿，可以維持每天散步2～3次、每次約10分鐘，如此一來就能預防腰腿的退化。等到無法走路之後，就算只是讓狗狗坐在寵物推車中，或使用步行輔助帶等，只要能外出，狗狗就會很開心。接觸外頭的空氣，也有助於消除壓力。

運動量會隨著年齡逐漸降低，因此要分配散步和玩耍的時間。視愛犬的身體狀況給予調整吧。

散步時間到了喔

狗狗必須先學會的事

在帶狗狗出門之前，狗狗必須先接受最低限度的調教，以策安全。例如叫喚牠時會將目光轉過來、確實熟練「停」、「過來」（第89頁）等指令，如此一來即可避開許多危險。在停下、起步之際呼喊狗狗，行走時保持眼神接觸，相信這麼一來狗狗就會愈來愈擅長散步了。

想避免狗狗對著人類或其他狗狗吠叫、撲上前去造成困擾、被巨大聲響嚇到逃跑等麻煩事，最重要的就是社會化訓練（第160頁）。在第一次出去散步之前，就要先抱著狗狗到外頭走動等，讓狗狗看見許多東西、聽見各種聲響，讓狗狗事先熟悉外面的世界可以有效避免上述的麻煩。

不能讓狗狗拖著牽繩走？

當狗狗發現在意的氣味或是某些東西時，會拉動牽繩想去察看。這是很自然的舉動，但狗狗或許會去吃地上的東西、跟車輛或自行車等發生碰撞，若是大型犬的話，飼主也有跌倒的風險。因此記得要多留意用牽繩控制好狗狗。

牽繩要隨時放短一些，當狗狗開始想要拉著牽繩走時，飼主就要停下腳步。必須讓狗狗學會不能走去更遠的地方，接著再一起重新起步。此時不妨對狗狗說聲「走囉」。如果順利做到就稱讚狗狗。在反覆執行這種訓練後，狗狗就會跟在飼主身旁散步了。

可以到處聞東西嗎？

狗狗在走路時，總會不遺餘力地確認氣味，這兒嗅嗅、那兒聞聞。這是狗狗本能上的自然舉動，不能強迫狗狗改掉，就讓狗狗滿足需求吧。但也得避開不乾淨的地方、注意別讓狗狗亂吃地上的東西。此外亦不能放任狗狗四處自由地嗅聞，理想的情況下應該訂定規矩，諸如不可以自顧自地左右亂拉，或是突然開始奔跑等等。

狗狗在聞過氣味之後，大多會排泄以留下標記，因此要盡量避免讓狗狗在住家、店家前方、會造成他人困擾的地方嗅聞氣味。若是狗狗在其他地方做了標記，也別忘了淋個水等，保持應有的禮儀。

散步的規矩

有些人會怕狗

別忘了在公共場合，也有一些人並不喜歡狗狗。必須要教導狗狗不可以咬人、亂吠叫、飛撲等等。不給他人帶來困擾，是養狗前就該有的概念。

務必使用牽繩

散步時別使用捲尺型的伸縮牽繩，而是該將牽繩收短握在手中。在一有狀況時能馬上將狗狗拉回是很重要的。多隻狗狗一起散步時，則要留意別讓牽繩纏繞在一起，或讓狗狗們走得太開。

如廁後要悉心處理

狗狗的排泄物應該帶回家中，不可以丟棄在垃圾桶或公共廁所。若狗狗在人來人往的柏油路上小便，就要用尿墊吸掉，再沖水清潔。處理期間要將牽繩收短，充分留意，別讓狗狗接觸到其他人或狗。

其他狗狗接近時

請互相打招呼、讓出通道。可以移動到路的另外一側，或者至少也要將狗狗牽在遠離對方的另一側。直到擦身而過，都要將牽繩收短拿好。只要是不認識的狗狗，都要避免讓狗狗產生接觸。散步時要盡量避開人潮較多的時段和地點。

別讓狗狗吃地上的東西

當狗狗發現了什麼，就要將牽繩調短，使狗狗的嘴巴無法碰到地面。此外某些路邊、公園的植物可能對狗狗有害，也可能噴灑過除草劑，必須留意別讓狗狗吃下。

防止逃跑

項圈、輔助帶、牽繩都必須安裝妥當。若是尺寸不合，拉動時可能會脫落。為了防止狗狗意外逃跑，可以先在項圈處加掛名牌、施打晶片。

散步時間到了喔〈續〉

盛夏散步需留意！

台灣的夏天，也有氣溫逼近40℃的酷熱之日。在這樣的日子，我們總會猶豫是否應該外出，但相信狗狗還是會「很想出去散步！」。天氣持續炎熱，連出門散步都有點懶……要是這樣的話狗狗就太可憐了。但若出了門，狗狗也會覺得很熱！因為在身體構造上，狗狗比人類還要難以散熱。

狗狗走路時很貼近路面，熱氣會從地表襲來。離地面愈近溫度就愈高，因此狗狗所感受到的氣溫，遠比我們高出約5℃，在這樣的高溫中走路很有可能會中暑。此外柏油路在日光照射下的熱度達50～60℃，也有可能會燙傷肉球。盛夏散步時要避免日光直射的時段，最好選在一早或傍晚過後。在開始走之前，記得先摸摸地面，確認一下溫度。在過度炎熱的日子，就得考慮讓狗狗暫且忍耐，不要去散步了。這種時候，請在開著冷氣的室內，陪狗狗盡情地玩耍。同樣地，在豪雨的日子或颱風天，也請不要勉強去散步。其中也有一些狗狗不喜歡下雨。

此外若是在天色較暗的時段散步，可別忘了安全性配備，如攜帶燈具、在牽繩上貼反光膠帶等等。

柏油路是灼熱的地獄

夏天時散步，務必要小心中暑。
受到陽光照射的柏油路，帶有超乎想像的猛烈熱度。

幼犬初次散步

最後一次接種疫苗1週過後，就可以一起出門了。為了避免初次散步就失敗，不妨在家中練習一下。裝上項圈、輔助帶，讓狗狗先行熟悉。如果要做牽繩訓練，使用項圈會比較適合；但如果是小型犬等脖子較細的狗狗，還是用輔助帶會更放心。

接著就可以繫著牽繩，在家中走一走。在狗狗還小的時候，就要讓牠們觀看窗外的景色、聆聽車子的聲音；等再長大一些，則要抱著到附近走動等，讓狗狗一點一滴地習慣住家外的世界。

最關鍵的是必須讓狗狗愛上散步。等到某天終於要出門時，如果狗狗好像還是很害怕，絕對不可以強迫為之。狗狗本來就很喜歡外頭，相信很快就會覺得「散步真開心」了。

倘若不慎走失

若狗狗掙脫、逃跑，將有遭遇交通意外的風險，因此一定要極力避免。在開關玄關大門和窗戶時、散步之際，都必須謹慎留意！倘若狗狗不慎走失，要即刻搜尋住家附近，包括平時的散步路線、朋友家、喜歡的公園等。此時也可以向平常會遛狗的人士等打聽有沒有目擊情報。

如果還是沒找到狗狗，最晚在隔天之前，就要赴當地派出所、警察局、衛生所、地方政府的動物愛護諮詢中心申報走失。狗狗也有可能已經遭遇意外，因此也要確認是否有被送至當地的清潔管理單位、動物醫院。

張貼附帶狗狗照片的傳單是個老方法，但是效果很好。重點是照片要夠大張，好讓愛狗人士容易留意到。未經許可在街上張貼，有可能會觸犯法律或條例，因此若需張貼，請選擇自己家、朋友住家，或到動物醫院、寵物美容院等處拜託對方。另外也可以積極活用社群軟體。不少案例都能在短時間內取得消息，迅速找回狗狗。也有一些網站跟手機應用程式，可供張貼寵物走失資訊、蒐集情報。

今天要走去哪裡呢？

嘿唷，今天也要走好走滿！

哇，好棒的香味。

雪的觸感好好玩。

What game shall we play today?

大波斯菊真漂亮呢。

耶逼！跳～高高！!

發現一隻貓貓。我們能當好朋友嗎？

丟球給我！快點快點！

哈囉，你要往哪走？

其實我現在非～常快樂。

狗狗老師的煩惱諮詢室 2

用心吟詠「狗狗川柳※」

煩惱諮詢　其1

「我今天把主人的鞋子叼進家裡，又被罵了。鞋子有我喜歡的味道，我明明想表達我很喜歡，為什麼主人要對我生氣呢？我真的完全搞不懂。」

我知道你很喜歡主人的汗味，
相信你本來就知道主人很重視這雙鞋子，
卻又明知故犯。
你是否壓力太大了呢？
要讓生活環境更放鬆一些。

試著聞了聞
正因心知又肚明
此物最珍貴

煩惱諮詢　其2

「最近主人都會在脆脆的餐點上面多放一點好吃的東西。我只想大吃特吃最上面的那些東西，我該怎麼做呢？」

看來主人幫你做了加料餐點喔。
真是不錯。很好吃吧？
不過那脆脆的東西是綜合營養食，
記得要一起吃完，別剩下囉。
就讓我來告訴你一件好事情吧。

若能覺得
狗食好吃
就更美好了

註：日本口語詩的一種。

現在已經是動物領養的時代了。拋開你的膽怯吧。「靜候佳音」即可。

尋找收容犬的下一個家交給別人處理吧

煩惱諮詢　其3

「我是一支收容犬。我很擔心到底能不能找到新的主人。請告訴我該怎麼樣才能討人類歡心。」

煩惱諮詢　其4

「我的身體出了問題，正在吃處方飼料，但我真的一點食慾都沒有……好想吃肉乾或餅乾喔，真的不行嗎？」

不行喔。

獸醫禁止的食物都是美味

生活篇

PART 4

營造舒適的住家環境

我們所居住的家，
對同為家人的愛犬而言，
也該是個
舒適又安心的家。

哪裡是能夠感到安心的地方？

狗狗的窩該放在何處？應該用圍欄圍起來嗎？該讓狗狗在家裡到處跑嗎？狗屋跟便盆該放在哪裡比較好？這些全都是令人頭痛的問題。不過只要配合居家情況跟狗狗的個性，決定好自家的規範即可，讓狗狗安穩度日才是第一考量。最重要的是，要讓狗狗生活在家人身邊。狗狗非常怕寂寞，無法獨自過活。另外還有一點，家中的環境對狗狗而言是否安全呢？有些東西意外地相當危險，可能會發生事故。

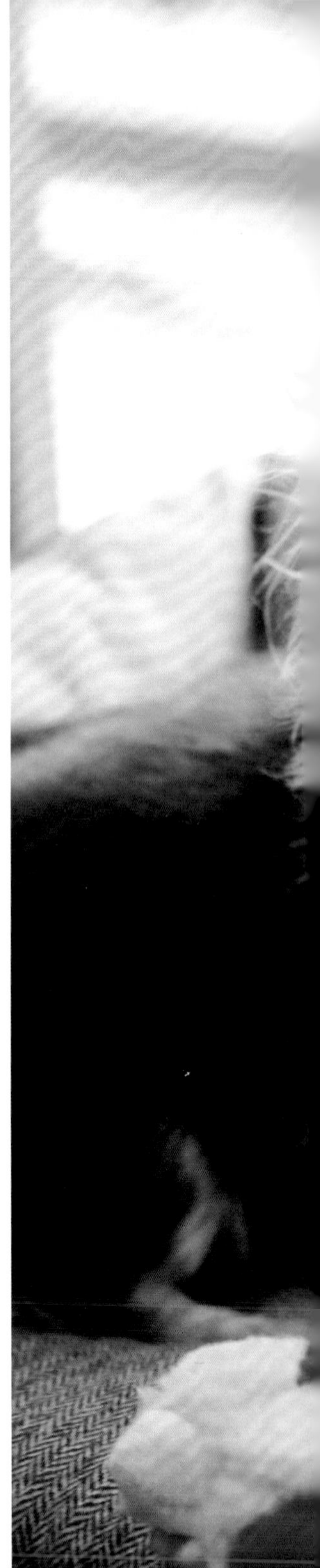

想住在這樣的家裡

待在一起就好幸福

跟狗狗共同生活的一大關鍵，就是要讓狗狗能過得安心，人也過得舒適。狗狗基本上都很愛人類。只要能跟家人待在一起、能在自己的窩裡休息，就夠幸福了。

飼主的職責，是為狗狗營造安全又安心的住所。若家中即將開始養狗，或許有些地方得再重新審視一番。

狗狗生活的必要物品

狗狗大部分的時間都待在家，因此要盡量打造出一個舒適的地方。請準備一個「能讓狗狗感到平靜的場所」，可以用狗籠（塑膠等材質的外出籠）等物品打造成狗窩（第69頁）。另外在狗狗還小的時候，會在家中活蹦亂跳地到處玩耍，記得也要規劃出一個可供安全活動的地方。看得見外頭、有通風窗的話狗狗就能感受到外面的動靜，藉以紓解壓力。

在迎接狗狗入住前有個大前提，飼主應該先想想，目前所居住的家適合養育狗狗嗎？適合預計要養的犬種嗎？若只用一廳規格飼養大型犬，狗狗實在太可憐了。

打造友善狗狗的家庭空間

首先，必須排除對狗狗來說危險的場所和物品。將零碎的小物品收拾妥當自然很有幫助；設置柵欄，阻擋狗狗進入廚房等危險場所，也是一個方式。每個家都該自行規範禁止進入的地點。

關於家中的硬體方面，務必要留意地板。光亮的地板容易滑倒，會對關節造成負擔，因此不太適合。軟木地板、軟地墊會讓狗狗比較好行走。也可以只使用在狗狗的活動空間。

地毯不易滑倒，但是不方便清理掉毛或大小便。此外，絨毛地毯會勾到指甲，因此不適合狗狗。

木地板雖然也是個不錯的選擇，但木頭的種類、打蠟等等都會影響易滑程度，因此可以將「狗狗坐下時能否左右對稱？」當成標準，如果狗狗似乎無法坐正，亦可在某些部分加上防滑處理。

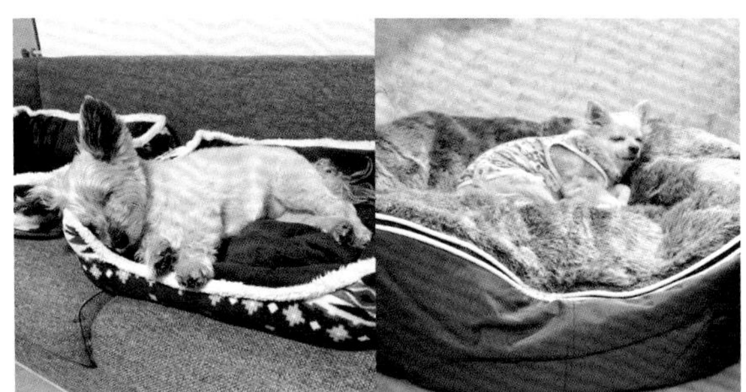

舒適的睡床

軟綿綿、毛茸茸的睡床，是狗狗最喜歡的地方。能夠香甜酣睡，就能保持健康。記得將睡床放在安靜的位置。

能夠安心的窩

狗狗不常待在窩裡也不要緊。只要能有個安穩、屬於自己的「巢」，狗狗就會很安心。

看得見風景的窗邊

在家裡的時間雖然長，光是能從窗戶看見外頭，就能度過雀躍的時光，不會感到無聊。

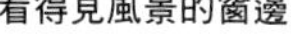

適合品種和數量的空間

最好要確保家裡的空間大小足夠讓狗狗稍微跑動、開心玩玩具。

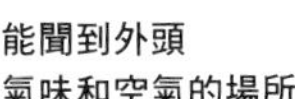

能聞到外頭氣味和空氣的場所

家中若有露台、庭院等空間供狗狗玩耍，那就太完美了。畢竟狗狗最喜歡外頭了。

打造能感到安定的場所

打造出舒適的窩

狗狗原本就會挖掘巢穴，以陰暗狹窄的場所當作睡覺的地方。家裡如果也有這樣的地方，狗狗就能安心地生活。此外狗狗具有地盤意識，因此將狗狗的居住空間與人類分開，能讓狗狗感到比較安穩。

在不怕風吹雨淋的家中，為了讓狗窩變成狗狗最能感到平靜的地方，要從幼犬時期開始，就讓狗狗養成待在窩裡的習慣。

狗狗的生活空間該設置在哪？

若無大小便等令人煩憂的問題，就可以讓狗狗在整個家中自由來去（禁止進入的場地除外）。即使如此，還是要準備寵物籠來當成狗窩，讓狗狗有個能放心的地方。如果狗狗聽到指令就會自己進入狗窩的話，當需要出門或是碰到災害需要避難時，也會更加放心。

如果不打算讓狗狗自由來去，就要用寵物籠、圍欄區劃出一塊「狗狗的生活空間」，在裡頭配置狗窩、便盆、水盆。狗狗很愛乾淨，不喜歡弄髒睡床，要注意別讓狗窩跟便盆靠得太近，否則狗狗有可能會跑到便盆以外的地方去上廁所。

倘若家裡的空間充足，不必拘泥於室內，亦可以在庭院中準備比較大、有屋頂的圍欄空間，在裡面放置狗屋（狗窩）。

不妨考量室內裝潢、是否方便清掃、房間的寬闊程度、人類的偏好、生

這是尺寸剛好的自製睡床，
似乎能夠滿足狗狗的本能。

「跟喜歡的玩具待在一起，
到哪裡都能睡得香甜。」

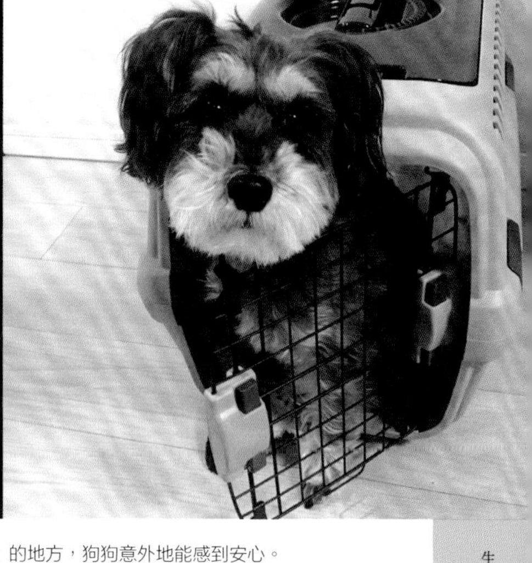

在會讓人忍不住擔心「是否太窄？」的地方，狗狗意外地能感到安心。

活形態等因素，來決定要將狗狗的生活空間打造成何種風格。

寵物籠的大小和擺放位置

對的寵物籠尺寸，能讓狗狗感到安心。狗狗只有在散步和運動時會需要開闊的空間；而寵物籠裡的寬闊程度，只要能夠趴下、換方向，對狗狗來說就已經足夠舒適了。若是用圍欄圈圍，則必須選擇成犬以後腳站立時1.5倍高度的圍欄。

狗狗只要跟主人待在一起，就會感覺安心放鬆，因此要將狗窩配置在看得見主人，或能感受到主人動靜的地方。背後有牆壁會讓狗狗比較安穩。同時最好能有適度的陽光照射，通風佳、溫度穩定。應該要盡量避免設置在冷氣直吹之處、電視附近或人來人往的位置。

有些狗狗會隨著人類的作息熬夜，或者在明亮狀態下仍能睡得很好，但夜裡最好還是以月光的亮度為限，關暗一點較能安心入眠。狗狗在明亮的屋內也睡得著，但為了使生理時鐘順利運作，夜裡還是得確保有個夠暗、能安穩睡覺的地方。

寵物籠的適當尺寸

寵物籠的尺寸，必須比狗狗坐著、趴下時的高度和長度都再多出5～10㎝。如果不能在寵物籠裡回過身，就是太過狹窄。

打造
成功的廁所

狗狗偏好怎樣的便盆？

狗狗的廁所，通常會以便盆搭配吸水性寵物尿墊。必須按照性別、腳的長度、身體長短，來決定形狀和尺寸。

相當受到歡迎的「平面式便盆」適合蹲著排泄的狗狗。公狗會抬腳排泄，因此要選擇可掀開、在立面上也貼有尿墊的「L型開闔式便盆」。便盆尺寸包括一般、加寬、超寬等。狗狗會邊繞圈邊物色排泄位置，因此挑選尺寸時，要以狗狗在旋身時整個身體都能容納在尿墊範圍內為標準。

便盆清潔第一

剛開始養幼犬時，先讓狗狗在鋪有尿墊的圍欄內上廁所，經過反覆訓練後（第89頁），狗狗就會在固定的位置排泄，接著就減少尿墊的面積，選出廁所的位置。要逐步教導狗狗，做得好就稱讚牠、餵零食等等。

會不斷失敗，通常都是因為狗狗對便盆、尿墊的髒污產生厭惡感。狗狗很愛乾淨，不喜歡把腳弄髒，為了避開髒污，才會排泄到便盆的範圍之外。飼主要盡量保持便盆的清潔。因應方式諸如

有時也會上到外面去

就算頭部進入便盆範圍，屁股經常都還在外頭。
當事人（犬）似乎還會覺得「我做得很棒！」呢……。

一定要讓狗狗學會在便盆裡排泄。
有時也會因狗狗不喜歡便盆而失敗，請多留意。

在便盆旁安裝圍欄，或是將尺寸變大等等。不過，若狗狗在日常中感到不滿或焦慮，也有可能刻意上在便盆外，或跑到其他地方排泄。

此外，便盆要設置在狗狗能愜意放鬆的地方。像是走廊等有人走動的地點並不適合。另外也要避開夏季過熱、冬季過冷的位置。記得要站在愛犬的立場上，尋找設置便盆的地點。

公狗和母狗的如廁事宜

公狗具有強烈的地盤意識，在散步等過程中，會在自己的地盤上小便。例如在電線桿等處抬起腳來，在「盡可能高一點的位置上」留下標記。位置愈高，就愈能向其他狗狗展現「我可是很強的喔！」的訊息。相反地，母狗的地盤意識不若公狗強烈，幾乎都是蹲著排尿。有時無關性別，也有某些狗狗會採取相當有個性的排泄方式。

狗狗學會在散步的過程中排泄後，有可能就不再願意在家中如廁。或許是外頭的環境比較開闊，或者不想弄髒家裡，實際的理由不詳。但若無法在家裡上廁所，當天候不佳、生病無法出去散步，或未來成為高齡犬的時候，飼主跟狗狗都會相當辛苦。另外，近期人們也愈來愈重視禮儀，會讓狗狗在家裡排泄後再出門散步。

即使狗狗不願意在家中如廁，仍可以透過出聲引導訓練等方式，讓狗狗願意繼續在家裡上廁所，如果狀況允許還是要挑戰看看。

也很喜歡待在家裡

要這樣睡下去呢？還是要玩耍呢？

球球？繩繩？來玩嘛！！

可以幫我拿一下那個玩具嗎？

I like a comfortable home.

我很怕熱。

拜託，丟這個。

那個！啊！

肚子冰冰的好舒服喔。

真開心，實在好開心啊。

應該可以咬這個吼。

太冷太熱會生病!?

狗狗意外怕熱，需維持適溫

人類在氣溫、室溫等環境溫度超過30℃以後，因中暑致死的情形就會增加。而狗狗在環境氣溫超過22℃、濕度超過60%後，就算感覺不太熱也會出現中暑症狀。狗的體溫比人類高，全身卻不具有流汗的功能，因此熱度很容易聚積在體內，相當容易中暑。從氣溫開始上升的4～5月開始，就必須想辦法因應炎熱。

各品種的情況雖然不同，但請調整冷氣，使室溫維持在23～26℃左右，並讓狗狗能夠自行移動到走廊、玄關、預備的涼墊等比較涼爽的地方。要以竹簾、窗簾遮蔽日光，用冷氣和除濕機除濕也很重要。

小心中暑

盛夏時期應該避免在白天散步，這一點自不用說，但其實狗狗在室內也會中暑。在診間中，只要狗狗的體溫接近40℃，就會被診斷為中暑。尤其是巴哥犬、北京犬等短吻品種更應留意。有呼吸道疾病或心臟疾病的狗狗、肥胖的狗狗，一旦中暑都很危險。放狗狗自己看家時，人們無法幫忙留意熱度，要特別小心。就算離家時涼涼的，如果隨後可能升溫，就要先開好冷氣；夏季外出時，亦嚴禁將狗狗留在車中等候。

如果狗狗在喘氣的話（指伸出舌頭「哈啊哈啊」地喘氣，這是在調整體溫），就是牠覺得很熱的訊號。請將狗狗移至涼爽的地方，讓牠補充水分。如果狗狗還是繼續在喘氣，就將冰塊或保冰劑敷在腋下、胯下處，或搧風幫助身體降溫。嘔吐、血尿、痙攣自然不用說，如果狗狗失去意識，請一邊降溫，即刻送醫。

除此之外，夏天因陽光導致的日光性皮膚炎，在室內因煙火、打雷的巨響而害怕或者導致逃跑，還有茂盛草叢所噴灑的除草劑也都很危險。

狗狗很耐冷？

根據「伯格曼法則」，同一個物種棲息在愈寒冷的地區，體重就會愈重，並且會更加耐冷。西伯利亞哈士奇、薩摩耶犬、秋田犬等原產於寒冷地區的狗狗，體重都很可觀，而且長著人稱雙層大衣的雙層毛，禦寒性相當好。另一方面，玩具貴賓犬、吉娃娃則擁有人稱單層大衣的單層毛，一般認為較不耐寒。

狗狗並非單純的野生動物，亦會隨著生活環境產生變化。住在溫暖家中的狗狗，跟住在室外的狗狗，耐寒程度並不相同。

四季的變遷令人期待

狗狗能從氣溫、風的樣態察覺出季節的變化，要設法讓牠們過得舒適，好好享受大自然。

冬季的室溫以21～24℃為宜。在室內要留意電暖爐、電熱毯所造成的低溫燙傷。在室外，像是下雪的日子，噴灑在路面上的防凍劑、融雪劑可能會附著在腳底，因此請留意別讓狗狗舔腳。這可能會造成中毒。

春、秋季的注意要點

春秋是舒適的季節，但是也有應該注意的事項。春季是換毛期，因此要幫狗狗梳毛，打理掉下的舊毛。另外也必須留意花粉等會引發季節性的犬異位性皮膚炎；蚊子則會傳播犬心絲蟲病（第153頁）。

秋季降雨後好發的犬鉤端螺旋體症，是別稱秋疫的人畜共通傳染病。不乾淨的土壤、河川、池水皆可能造成感染，要小心別讓狗狗靠近。接種犬鉤端螺旋體症的疫苗，亦可有效防治。

家中處處有危險

危險① 廚房

火、油、刀具、垃圾桶、對狗狗有毒的食物等，家中的廚房充滿著燙傷、中毒等意外的風險。曾經有狗狗在看家時碰觸瓦斯爐的按鈕式開關，結果引發了火災事故。不希望狗狗接觸的東西、吃到會有危險的東西，第一要務就是收拾妥當。但即使如此，仍然會出現意想不到的疏漏。廚房最好要安裝門欄等設備，禁止狗狗進入才是最保險的做法。

危險② 樓梯、落差

尤其對小型犬來說，在上下樓梯時會有脫臼、骨折之虞，下樓的姿勢也會對腰部造成負擔。高齡犬也是一樣，樓梯和高低差都會對身體造成負擔。

另外易滑的樓梯也有摔倒的風險。記得設置門欄等設施，盡量別讓狗狗爬樓梯。若無法設置門欄，可以貼防滑貼等予以因應。若是可以的話，減緩落差或設置斜坡的效果都很不錯。

危險③ 電源附近

狗狗也會發生各種我們意想不到的意外，如啃咬電源線或充電線、用手或鼻子接觸插座而觸電、小便淋濕插座導致短路等。若當下只有狗狗自己在家，更有可能釀成火災。電線類要整理好收納在狗狗接觸不到的地方；牆壁上的插座，則要安裝市售用來防止嬰兒觸碰的插座保護蓋等。危險物品要藏好，是所有事情共通的重要事項。

危險④ 出入口

出入口的安全也要嚴密把關，以免狗狗跑出去外面！在收取宅配物品、想稍微換換空氣而開窗等時候，狗狗可能在轉眼間就跑出去外面。另外，不少狗狗似乎會記住人類的動作，懂得如何打開滑門、握把式門扉。就算覺得門有關也絕不能掉以輕心。玄關大門、後門、落地窗前，都要安裝門欄等設備以防萬一。訓練狗狗對「等一下」、「停」有所反應也很重要，如此才能在狗狗往外跑時立刻制止牠。

禁止進入的注意要點

禁止狗狗進入的場所，就要將門關上或者設置門欄。市面上售有寵物用、嬰兒用門欄，也可以用網片等材料自行DIY。若是狗狗比較活潑，有可能會跳躍、爬上後翻越門欄，因此高度須為成犬站立時的1.5倍。橫柵式可能會讓狗狗有往上爬的踩踏點，要選擇直向格狀的類型。

若是中～大型犬，只要用力即可推開門欄，因此必須另外想辦法，像是加鎖之類。

除了這類物理性對策以外，讓狗狗瞭解哪些地方不能進入同樣也很重要。例如即使是小小的高低差，也要讓狗狗明白「前面就是別的地方了」。只要告訴狗狗不可以進入前方，狗狗就會放在心上。

惹麻煩被抓到時，大家都是這種無辜表情。
就算生氣也氣消了。好啦，來收拾一下吧。

家中
處處有危險〈續〉

要留意別誤飲、誤吞！

除了食物之外，誤飲、誤吞也很危險。在幼犬期間，相較之下比較容易什麼都往嘴裡塞，因此任何物品都必須留意。狗狗在玩耍時，也可能意外將球吞下肚。吃下無法消化的物品，有引發腸阻塞之虞，僅能靠內視鏡取出，或必須進行開腹手術。

沾染食品氣味的保鮮膜、塑膠袋、零食的空包裝、烤雞串的竹籤、冰棒的棒子、鈕釦型電池、帶有飼主氣味的飾品等，都是狗狗經常誤吞的物品。不僅無法消化，還可能會傷害內臟，飼主必須要十分留意。

室內的其他危險因子

觀葉植物

某些類型的觀葉植物對狗狗來說有毒。黃金葛、聖誕紅、蘆薈、百合科的所有植物等，皆是其中代表。家中要擺放植物時，請務必調查是否適合狗狗。

藥品類

殺蟲劑、老鼠藥、農藥、各種治蟲藥劑等藥品自不用說，洗衣粉、漂白劑、燈油等日常用品也必須要留意。大多數的殺蟲劑會使用類除蟲菊素的成分，一般認為對人、狗的影響不大，但有些國家會限制對人使用待乙妥（DEET）成分，所以狗狗也不要接觸會比較安全。人類用的許多醫藥品，對狗狗來說也很危險。

香氛精油

香氛精油的香氣及有效成分，會對身心發揮效用。許多人都會幫狗狗實施芳香療法，希望能舒緩狗狗的壓力，但這其實必須留意。認為精油是100%的自然物質所以很安全，其實是一種誤解。目前已有報告指出，長時間吸入某些精油的香氣，會引發慢性中毒。使用之際，務必要先請教專家。

哎呀呀，你吃掉整顆大白菜啦。
雖然這是狗狗可以吃的安全蔬菜，
但還是不能偷吃喔。

「啃咬」是狗狗發出的訊號

狗狗之所以會啃咬家具、將書本扯碎，是有原因的。在幼犬期換牙時狗狗的牙齦會癢，因此找到好咬的東西就會啃咬。除了這個時期之外，牙齦並不會發癢，所以是出於運動不足、無聊、有所不滿等，無法消除壓力，才會啃咬東西或搞破壞。換句話說，這是一種希望主人關切的表現。另外當狗狗因噪音等因素而感到焦慮時，也可能透過啃咬來釋放壓力。

就算你用力地咬它，
我想還是很難吃到
好吃的部分喔。

如果是樹枝的話，要咬多少都可以喔。
咬咬玩具也很有效。

狗狗在小時候跟手足遊玩的過程中，會一邊嬉戲、啃咬一邊跟彼此交流，逐漸明白咬得多用力就會痛，從而學會控制力道。這是狗狗的社會化時期。如果出生後沒多久就離開了親代和手足，狗狗將無從學習包含啃咬在內的交流方式，最終導致不懂得如何控制力道，徒留下咬住不放的本能。

不可啃咬的物品，要收到狗狗無法觸及的地方。首要之務是將家具腳等地方妥善包覆，並且不讓狗狗前往有許多可咬物品的地方。市面上也有販售狗狗會討厭的苦味噴劑等商品。另一方面，若是玩具等咬了也無傷大雅的物品，就積極地拿給狗狗咬吧。

當狗狗咬了不該咬的東西時，飼主要用堅決的口吻表示「不行」，然後換成可以咬的玩具。如果做出過度反應，如聲音太大等，狗狗就會誤以為「主人在回應我（很喜歡我這樣做）」，啃咬習慣反倒會加劇，因此態度堅決相當重要。

緊急時能一起避難嗎？

為狗狗準備防災用具

在日本環境省「災害時寵物救護指導原則」、公益社團法人東京都獸醫會所發行的《寵物防災BOOK》之中，都推薦「災害發生時，要跟寵物『同行避難』」。所謂同行避難，就是跟寵物一起去避難。首先請先瞭解，我們是可以帶著寵物逃跑的。

我們也必須先替愛犬準備好急難時的外出包，以備不時之需。攜帶狗狗用習慣的物品，多少能夠讓狗狗感到安心。如果有治療期間的處方飼料和藥物，也別忘了放進去。

**急難外出包中
所需放入的物品**

- 能將狗狗裝入的狗窩（寵物籠）
- 數餐份的狗食
- 每隻0.5～1ℓ的水
- 塑膠狗碗
- 數片寵物尿墊
- 急救用品
- 附有名牌、聯絡資訊的項圈（步行輔助帶）
- 備用的項圈、牽繩
- 防走失名牌、狗狗的照片

※在手機等處放些狗狗的照片，會很有幫助。

平時就要做好準備

在必須立即避難的急迫情況下，狗狗未必會乖乖聽話。在狗狗察覺到緊張感時，也有可能會辦不到原本牠辦得到的事。

小～中型犬一定要先熟悉「寵物籠訓練」。讓狗狗聽到叫喚後，就會願意進入狗窩（寵物籠）裡。若狗狗平時就將寵物籠當成能夠安心睡覺的地點，在避難處也就能夠降低壓力。

絕對不能忘記要接種疫苗，或是服用、投以除蚤及除蟎藥品。在陌生場所生活，容易導致免疫力變差、身體狀況失衡，為了不被傳染、也不傳染疾病和害蟲給其他狗狗，這也是一種禮儀。

在一片混亂之中，狗狗有可能會逃跑。牽繩和項圈都要正確配戴，不可有破損。若狗狗不慎走失時，政府發行的登記證件、防走失名牌、晶片都可派上用場。

緊急時刻，要守護包括狗狗在內的全家人，是相當辛苦的事。日本有些地方政府可協助進行與寵物同行的避難訓練。就算所在地區沒有這類服務，也可以先進行模擬演練。

「不測風雲」隨時都可能到來。
為了重要的家人（無論人還是狗），一定要做好萬全的準備。

大型犬避難

大型犬很難像小～中型犬那樣，利用寵物籠來搬運。若是繫著牽繩行走，碰到瓦礫等物品時，赤腳的狗狗會很危險。視情況讓狗狗先在家中等待，主人再從避難所通勤照顧狗狗，也是一個方法。也可以在汽車的後車廂用金屬籠或寵物籠打造狗狗的住所，把食物跟水帶上車，就能住在車中避難。此時必須在狹窄的空間中度日，請充分留意人跟狗的健康狀態。也可以考慮使用不論狗狗的體型多大都能暫時寄養的服務。

避難生活的注意要點

一般雖然推薦同行避難，但這僅是指「跟寵物一同前往安全場所避難」的行為，跟可以在避難所養育寵物的「伴隨避難」並不相同。能夠伴隨避難的避難所並不多，即使可以伴隨避難，寵物也未必能跟人在同一個房間，必須待在別處的寵物飼育處才行。請理解同行避難跟伴隨避難的差異，事先確認鄰近避難所的應對方式。另外，狗狗在避難期間可能會有壓力，身體容易出狀況，記得要勤於確認狗狗的健康狀態。

生活篇

PART 5

必要的調教和訓練

調教和訓練，是為了守護愛犬的健康和安全，讓彼此都過能上幸福的生活。

調教會成功嗎？

不論對狗或對人而言，狗狗的教育都是大事。愈是瞭解必須調教的事項，飼主就愈會擔心「自己真的辦得到嗎？如果失敗，會不會害狗狗變成問題狗狗？」。調教和訓練，是為了讓人狗都能安全地生活，換句話說目的就是要讓狗狗變得幸福。近來調教的主流做法，是做對了就稱讚狗狗。甚至有人說，過往那種以責罵馴服的方式，對狗狗有害無益。包括根據行為學建立而成的調教方法等，在這個時代，我們可以用更體貼的方式來調教狗狗。

安妮＆貝利是設施犬。所謂設施犬，是指經過專業培訓，在醫院等設施中常駐服務的狗狗。受過設施犬互動特訓、具有看護執照的專業領犬員（Handler），會跟設施犬組隊一起值勤。貝利（圖右）是日本第一隻設施犬，從2010年值勤至2018年。安妮（圖左）跟領犬員森田優子小姐，則一同常駐於神奈川縣立兒童醫療中心。設施犬時常造訪醫院，不僅是短時間與病患接觸而已，牠每天都會值勤，跟與疾病苦戰的患者們互動交流、陪同檢查及前往手術室、支援復健等等，給予住院治療的孩子們身心上的鼓勵。

一同學習，一起幸福

即使對狗狗生氣，狗狗也無法停下

狗狗是群體行動的動物。我們飼主跟狗狗既是家人，同時也是同個群體的夥伴。狗狗出於動物的本能，會想要守護群體及其地盤。另外，狗狗會在狩獵本能下追逐移動的物體，也會挖洞。這些源自本能的行為，光是靠斥責「不行」是無法制止的。倘若不瞭解狗狗的生態，只是一味限制狗狗的行動或責備牠，就無法將狗狗教好。

但既然是一家人，為了讓飼主與狗狗都能安全、安心地共同生活，還是需要訂定規範。要讓狗狗記住這些規則，就必須調教和訓練牠。狗狗的腦袋很聰明，只要稱讚牠、給予牠獎勵，在反覆教導的過程中，狗狗就能學會許許多多的事情，甚至會感到很快樂。在這之中並沒有「一定要怎樣」的規矩，只需要配合家中的情況訂定規範即可。調教、訓練的方法，會在後續的篇幅中解說。另外，狗狗無法停下某些出於本能的行為，這點請先放在心上。

對狗狗也要進行自我肯定訓練

所謂「自我肯定」，意味著重視自身和對方感受的自我表達。在商務場合上，「自我肯定溝通」是一種讓溝通更為圓滑的技巧，有助於在彼此尊重的狀態下互相交換意見。因此「自我肯定訓練」如今正備受矚目。這種人與人之間的溝通技巧，也可以應用在人與動物之間。在與狗狗的關係之中，重視對方的感受、想貼近對方的心情同樣也非常重要。

狗狗不會說話，但是會透過行為舉止表達出「希望有人瞭解自己」、「想被關注」、「想被理解」的心情。這對狗狗而言是很重要的溝通方式。請留意狗狗的自我表達，並做出反應（對狗狗說話）。狗狗同樣會解讀人類的自我表達，做出反應。這樣一來，雙方都會產生滿足的情緒。若希望愛犬做出自我表達，訣竅是經常對牠說話、與牠交流。在持續「表達～受到理解」的過程中，就能夠提升狗狗的表達能力，狗狗也能解讀主人的心情。

讓全家人感情和睦、安心地生活

對我們而言，狗狗是家庭中的一份子，狗狗也會把我們視為家人。
彼此體貼對方，建立起家中的規範，一同學習吧。

藉由訓練變幸福

有些人應該也聽過「身體照護訓練（Husbandry Training）」一詞，如同字面，這是促使動物積極採取某種行動的一種訓練方式。透過特定的暗號，讓動物移動到其他位置以便清掃、讓動物伸出手臂以便抽血等等，在動物園、水族館，皆已成功施行這類訓練。既然是由動物自行採取動作，代表在行為的當下動物並不會感到痛苦。除了能夠流暢地進行照護、治療之外，由於動物不會對該行為產生壓力，因此稱得上是非常溫柔的訓練方法。

這種方法對家中的狗狗同樣有效，在各種層面上，身體照護訓練都能派上用場。方法就是要讓動物記住「只要做出某種行動就會發生好事」。換句話說就是會有獎勵。除了訓練零食與大量的稱讚之外，能夠與主人一起感到開心，對狗狗來說也是很棒的獎勵。具體的做法將在下一頁解說。

愈被稱讚愈會進步

在歡樂中調教

一直到不過五十年前，狗狗都仍具有強烈的看門性質。一般都會養在庭院裡，也有家庭會選擇放養。不過隨著經濟高度成長，室內飼養漸漸成為主流，人們對於品種的講究、調教的本質也開始有了變化。

狗狗行為學已經闡明，「斥責」教育會有負面效果，「稱讚」教育則有正面效果。狗狗受到稱讚會相當歡喜，只要發現採取某項行為會有好事發生，就會更常做出該項行為。對狗狗而言的好事即是吃東西。不過，只靠獎勵建立的關係，無論是我們或者狗狗，最終都會感到寂寞。

目標是獲得獎勵嗎？

調教是透過「操作制約」，意即透過「獎勵」這樣的報酬來引發行為，最後則會轉變為「古典制約」，就算沒有報酬，也能夠在信任關係之下付諸行動。狗狗原本就不是因為渴望獲得報酬才做出行動，因此這個轉變會很快速。

舉例而言，「握手」就是屬於「操作制約」促成的行為，是藉由報酬來引發行動。不過狗狗並不是因為渴望報酬才做出行動，只是希望飼主感到開心而已，因此到了最後，就算沒有報酬狗狗也會握手。這份強化出自於「古典制約」，能夠孕育出堅定的信任關係。過去的調教，重點都在於建立主從關係上，如今的主流則是獲得狗狗的信任。比起斥責否定，在稱讚中學習，這種訓練方式能讓雙方都更加幸福快樂。

狀況不佳也別焦急

一般而言，調教和訓練最好在14週齡之前的社會化時期執行。若要收養已經成長到一定程度的收容犬，一般所說的調教方式有可能會不甚順利。就算發生這種情況，只要體貼狗狗的心情，慢慢花時間的話，還是有可能一項一項地完成。也可以請教專家的建議。

狗狗的心情與調教模式

狗狗的行為①	發生的事情	狗狗的心情	狗狗的行為②	未來的行為
成功在廁所小便	被稱讚了	發生好事了！（正面強化）	增加①的行為	學會上廁所
亂翻垃圾桶	很好吃			以後繼續翻垃圾桶
對著走廊的腳步聲吠叫	腳步聲消失了	討厭的事情消失了！（負面強化）		聽到腳步聲就吠叫
撲向陌生的狗狗	對方逃跑了			看到討厭的狗就撲上去
爬到桌子上	被制止「喂！」	發生討厭的事情了…（負面弱化）	減少①的行為	不再爬到桌子上
被呼喚所以走了過去	被剪指甲			被呼喚也不過去
咬了飼主的手	遊戲結束了	好事消失了…（正面弱化）		不再咬人
想吃飯而吠叫	主人移開了目光			不再催促

行為心理學的「操作制約」理論，是指動物會順應賞罰採取自發性的行為。試著把它套用在狗狗的調教方式後，流程如上表。發生好事（正面）、減少壞事（負面）時，行為就會被強化（增加）；發生壞事、減少好事時，其行為則會被弱化（減少）。只要靈活搭配這些效果，就能讓狗狗記住我們期望牠們做的事，以及不期望牠們做的事。

凝視著眼睛稱讚，對狗狗也是相當棒的獎勵。

能做的事情變多的話會很開心喔

調教和訓練的差異

所謂的調教，是教會狗狗就算沒有指令，也能自發採取從屬行動。與此相對，訓練（Training）則是教狗狗按照著指令行動。據說唯有完成調教後，才有可能進行訓練。

為了避免狗狗在生活中對人造成麻煩，必定得透過「調教」讓狗狗學會規矩。舉例而言，不能咬人、不能隨便吠叫、不能撲上前去、被摸身體也不會生氣、要在便盆裡面排泄等等，為了健健康康地共同生活，狗狗一定要學會這些規則。

「訓練」時的目標，則包括呼喊時就會進入狗籠、聽懂「停」、「過來」等指令，讓狗狗變得能夠按照指令採取行動。雖然應該要訓練狗狗這些最基本的事情，但像是時間太長而沒意義的「停」、叫狗狗把球咬過來等等，這類並非安全生活所必須的訓練，則應該要用接近休閒的放鬆心態來練習。

此外，為了能向彼此傳達心情，讓彼此的眼神接觸也是應該讓狗狗先學會的行為。

有些事情狗狗很快就能學會，有些則是必須耐心教導才能辦到。有時候也可能會碰壁，不需要焦急，一點一滴地進步就可以了。

互相傳達心情的「眼神接觸」

這是調教中的基本行為，旨在讓狗狗將注意力放在飼主身上。呼喊名字時狗狗若會轉過頭來，就給予獎勵；若是視線對上，就給予獎勵。學會眼神接觸後，在想讓狗狗停下某種行為或是平靜下來的時候，也能派上用場。此外，狗狗可以辨認出人類的笑容，因此在眼神接觸時露出笑容，狗狗就會很開心。

要讓狗狗學會這些事情

在便盆裡排泄

剛開始的時候，先用圍欄框出便盆的範圍，抓準時機將狗狗放入，待狗狗成功排泄後就稱讚、給予零食。反覆數次之後，狗狗就會記住。狗狗經常會在餐後、玩耍結束時排泄，可別錯過絕佳時機。能順利辦到之後，就可以拿掉框框了。

進入寵物籠

要讓狗狗明白，寵物籠是安心又舒適的「個人空間」。要一邊跟狗狗說「進籠子」一邊誘導狗狗。剛開始時也可以利用零食。不分青紅皂白地塞入、關進去當懲罰，都是不好的做法。當狗狗覺得這是個好地方後，就算沒有聽見指示，在牠想睡、想放鬆休息時，就會自己進到裡頭。

停下

為了壓抑興奮的狗狗，或是迴避危險，務必要讓狗狗學會「停下」。在坐下的狀態發出「停」的指示，剛開始時若能靜待1～2秒，就發出「好」的解除指令，給予稱讚和獎勵。接著再逐漸拉長時間，讓狗狗能夠停住大約10秒。

過來

這同樣是迴避危險時不可或缺的口令。最理想的狀態是即使狗狗受到某種事物的強烈吸引，只要聽到口令就會回到飼主身旁。先在「停」的狀態下跟狗狗拉開短短的距離，接著喊出「過來」。如果狗狗跑過來了，就餵零食，在反覆執行下慢慢拉開距離，狗狗就能學會這個口令。

不擅長的事情一定要克服嗎？

不擅長就是不擅長

就如同人類一樣，狗狗也會有自己的個性。每隻狗狗的性格不可能一模一樣，能力也不會相同。只要找出狗狗擅長、不擅長的事情，發揮牠的特長，狗狗就能生活得自由自在。警犬、導盲犬之所以會在育成期選拔，也是為了要判斷狗狗的個性。

受性格或是個性影響，狗狗也會有不擅長的事情。被關在圍欄裡頭、被人撫摸、穿衣服、刷牙、梳毛、洗澡……強迫狗狗適應牠不擅長的事只會造成反效果。若強制狗狗去做，狗狗會變得更加厭惡，嚴重時甚至會破壞信任關係。請認清狗狗不擅長的事情，並協助狗狗發展牠辦得到的事情。如果狗狗無論如何都很討厭梳毛或是洗澡，就交由專家處理；狗狗不愛穿衣服，飼主也必須要釋懷。

如果狗狗討厭梳毛，卻很愛被主人摸，可以試著換成觸感像在被摸的毛梳等，將不擅長跟擅長的要素結合起來，效果也會很好。像這樣稍微用點心，或許就能找出狗狗跟飼主都能舒適生活的方法。

慢慢習慣就好了

不少狗狗都會害怕發出很大的聲音、動來動去的物體或吸塵器。
請使用訓練零食，讓狗狗瞭解這些東西就算在近處，也不需要害怕。

照片中既有討厭散步的毛孩子，也有討厭其他狗狗的毛孩子。
為了健康考量，希望能讓狗狗愛上散步。

繼續不擅長，安全嗎？

雖說如此，不擅長的事情也可能會導致不幸。如果狗狗害怕吸塵器，每次吸地就吠叫或是害怕……就算我們不以為意，但若是每逢吸地狗狗就會產生壓力，那也太可憐了。另外，每次看見陌生人就吠叫也是，姑且不論令人覺得吵這件事，狗狗也會感到壓力。為了減輕狗狗的壓力，這類不擅長的事情最好還是要克服。

面對吸地或是訪客等無法消除的事物，有必要讓狗狗培養耐性。

不擅長是可以克服的

這類不擅長的事情，相信只要一邊給予獎勵，一邊讓狗狗慢慢習慣，多半都能克服。要調教到什麼程度，就請按照各自的家庭狀況來訂定規矩。如果狗狗會不幸福、對他人造成困擾，就要幫助狗狗克服這些事。

為什麼狗狗會出現這些行為呢？只要站在狗狗的立場來思考，就能尋出蛛絲馬跡。克服恐懼的流程如下：對吸塵器吠叫→因為害怕→讓狗狗知道吸塵器並不可怕→為此就要讓狗狗體驗「只要吸塵器出場就會發生好事（訓練零食等）」。

好希望能交到朋友

狗狗是友好的生物

狗狗是從一萬多年前就跟人類一起生活至今的生物，相當擅長與人類共同生活。由於狗狗的祖先是狼，因此一般經常會認為狗狗也有著群居習性，但現代的狗狗大多喜歡跟飼主一對一交流，類似於幼兒跟母親的母子關係。

其中也有些狗狗看起來好像不喜歡人類，但這都是有原因的，諸如曾經因為某些事而感到恐懼，或有過被拋棄、被虐待等經驗，才會覺得人類很可怕、喪失信任感。不過即使是這樣的狗狗，若能再次受到呵護，仍然可以跟人類拉近距離。狗狗跟人是可以建立起信任關係的。

虐待是狗狗的大敵

面對虐待動物的行為，我們絕不可以袖手旁觀，甚至應該加強監視。動物相關的問題，明明應該聚焦在犯罪行為之上，現況卻是只有相關人士和有識之士會出席討論。虐待動物是一種行為障礙，除了刻意虐待之外，有些案例甚至是因動物囤積症等，無法提供動物妥善的照養。如果有虐待行為，就必須通報相關單位，但這該由誰來判斷跟通報呢？我認為現在已經愈來愈有必要由動物保護法執行機構設置動物警察。交給人們去判斷並不是一勞永逸的做法。

另外狗狗也能跟同類或是其他的動物相處融洽。倘若居住環境、經濟能力等條件許可的話，飼養多隻狗狗也會相當歡樂。看到狗狗們玩耍的模樣，不只飼主會感到療癒，狗狗跟同伴們玩耍也能夠紓解壓力。不過這也有缺點，狗狗們可能會爭奪飼主的關愛、搶地盤、吃醋或吵架。

首次前進狗活動區

所謂的狗活動區，是狗狗專用的活動空間，在飼主的看管下，可以放開繫繩任狗狗玩耍。狗活動區通常在公園一隅，或是有的狗狗咖啡廳亦會附設室內的狗活動區。這對狗狗來說是極具刺激性的場所，可以體驗到不同於散步的開闊感。看見狗狗自在奔跑的模樣，飼主也會很開心。而狗狗能交到同類朋友、飼主們能交到狗友，同樣相當歡樂。如果是怕生的狗狗，就不需要勉強牠們去交朋友。光是可以在裡面跑來跑去就夠快樂了。

狗活動區也是狗狗們的社交場合，首先必須遵守該設施的規範，才能好好享受。一般而言，請注意下列幾點。

①別讓愛犬離開視線範圍。一定要避免狗狗逃跑或是攻擊人、狗等。不論受傷或害別人受傷，都會很麻煩。

②愛犬必須經過社會化。如果不懂得該

如何跟其他狗狗接觸，會很危險。

③不要帶入寄生蟲和感染症。要先接種疫苗，完成除蚤、除蟎。

④必須學會「停下來」、叫了會回來，以及「坐下」、「趴下」等壓抑興奮的指令。

⑤先排泄完畢再入場。

⑥清理排泄物的水、將排泄物帶回家的袋子、牽繩和項圈、步行輔助帶、預防注射證明頸牌，都要帶在身邊。

⑦正值發情期的母狗不可進入。其他公狗會興奮。

⑧盡可能別帶食物進入。當然不可以隨意餵食陌生的狗狗，即使是餵食自家狗狗，也容易跟周遭的狗狗產生糾紛，因此要多留意。

⑨進出時要打招呼。開闔門扉時，要充分注意內部狗狗的動向。

⑩先確認是否有個性不合的狗狗，再解開牽繩。

⑪不要勉強。如果自家狗狗不適應其他狗狗或遼闊的場地，就在能接受的範圍內玩耍。

狗狗跟同類玩耍，又開心又能產生刺激。在一旁看著的人也會感到很快樂。狗狗非常友善，有些狗狗還能跟貓咪、小鳥感情和睦地生活在一起。

形影不離

我完全不怕高喔！

漂流的感覺讓人心情極佳。

這是我最喜歡待的地方。

I want to be with you.

會帶我去哪裡呢？

終於抵達目的地了！

一片雪白，又冷又開心。

我絕對要跟你一起去。

這種程度，小菜一碟！

喜歡的咖啡廳，也要一起去喔。

狗狗老師的煩惱諮詢室 3

解決煩惱的開心問答

煩惱諮詢　其1

「我每次吃東西總掉得滿地都是。主人說我這是問題行為，這下我該怎麼辦才好啊？」

在用餐期間咬住東西不放，是跟食物相關的攻擊行為。吃得滿地都是則不算是問題。吃得津津有味，是腸道細菌均衡的最佳證據。

吃得滿地都是，恰似社區祭典。一是腸內健康，一是城內健康！

煩惱諮詢　其2

「我一拿到好食物，就會挖洞埋起來。最近我老是忘記自己埋在哪裡。我該怎麼樣才能記住呢？」

挖洞行為是狗狗的重要習性。因此狗狗會將食物藏在土裡，偶爾也會藏到床底下。這看起來是為了好好保管，其實也是一種消遣。過了一段時間，主人就會再餵餐點，因此也不需要拼命尋找。就這樣，隨著時間過去，任誰都會忘光光啦。

你這叫做「伯勞型狗狗」。

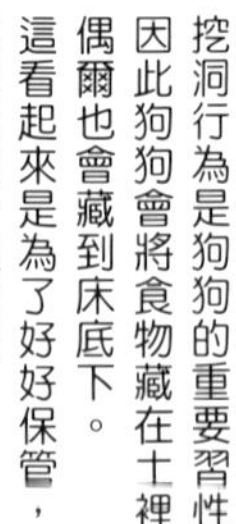

煩惱諮詢　其3

「我們家裡住了3隻狗。除了我之外都是公的。公狗總是愛逞威風，不管吃飯還是跟主人打招呼，我都排在最後一個。我該怎樣才能變成第一呢？」

第一未必最棒，
也未必永遠都會是第一。
不要勉強，開心生活才是最重要的。
風水輪流轉，一定會輪到你的。

別以為飯跟排名一直都會在。

煩惱諮詢　其4

「當我跟主人對上眼，主人就會說『你的心情都表現在眼睛上了』『我看穿你了喔』。主人是真的懂我嗎？我怎麼覺得這是人類的誤會呢？」

※看穿了

哪有那麼簡單就能理解對方的心情。
說到解讀非語言情感，
還是狗狗比較擅長。

在人類「看穿」我們之前，我們早就「看穿」人類了喔。

PART 6

維持亮麗的外貌

身體上的不適，
會顯現於毛髮、皮膚、
眼睛光澤等處。
外觀的美麗，
亦是健康的證明。

健康的狗狗最美麗

隨著住在室內的狗狗增加，漂亮的狗狗愈來愈多了。會在外觀下工夫，有很大一部分是人類自己想讓愛犬「變得更可愛」，但在確認、維持健康的層面上，「美麗」同樣事關緊要。毛乾乾或黏黏的，可能是營養不均衡或皮膚出了問題。指甲太長、刷牙不足，也會導致狗狗受傷或生病。如果每天在幫狗狗打理外觀時都能觸摸檢查身體，就能察覺到狗狗的身體不適，還能促進分泌幸福荷爾蒙，讓人跟狗都更健康。

毛髮有光澤代表很健康

美毛呵護的大小事

美麗的毛髮是愛犬應有之物。只要狗狗夠健康，毛髮就能常保美麗。重點在於餐點和毛髮的打理。食物必須含有高品質的動物性蛋白質和優質的脂質（必需脂肪酸）。尤其建議要包含必需脂肪酸的Omega-3和Omega-6。攝取有益於腸道環境的乳酸菌，效果同樣也很好。

梳毛的好處

梳毛能夠促進狗狗的血液循環、將毛髮整理得更美觀，不只如此，還能夠讓狗狗的心情放鬆下來。這也是跟愛犬的一種交流方式，打理愛犬的皮膚或毛髮，亦能得知全身的健康狀態。

長毛的犬種容易形成毛團，因此要透過日常梳毛來處理。

- **針梳**：在橡膠梳柄上安裝く字形針的梳子。便於解開纏繞和毛團，適合雙層毛的狗狗。
- **板梳**：針尖上有圓球，類似人類用的梳子。梳在皮膚上很舒適，非常適合整理毛流。
- **鬃毛梳**：以豬或山豬毛製成的梳子。可以整理毛髮表面，梳出光澤。適合短毛品種。
- **橡膠梳**：橡膠製的梳子。不會弄傷皮膚，飼主可以安心使用。很適合用來去除掉毛。
- **髮梳、扁梳**：金屬製的梳子。要檢查打結、毛團，或做細微打理時都可以派上用場。

當狗狗站著時，約莫梳毛10分鐘；呈橫躺狀態時基本上最多梳20分鐘。

呵護美毛所需事項

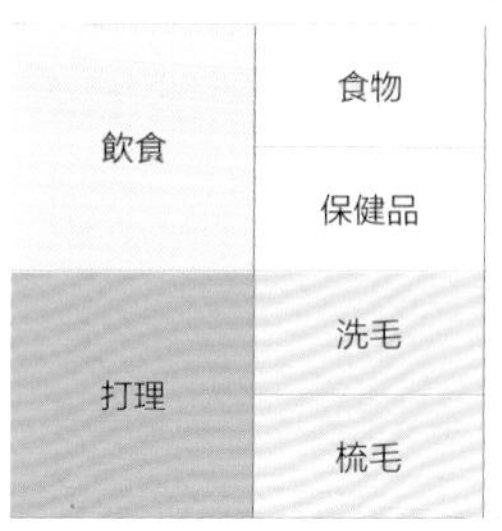

飲食	食物	・含高品質動物性蛋白質的食材 ・給予優質的脂質（必需脂肪酸）
	保健品	・Omega-3和Omega-6等必需脂肪酸 ・以乳酸菌等改善腸道環境
打理	洗毛	・理想上每月1～2次，定期執行 ・沖洗乾淨，以低音吹風機吹乾
	梳毛	・使用適合愛犬毛髮的梳子 ・像在按摩般悉心梳理

營造美麗毛髮的洗毛技巧

身上沾染著外在的髒污很不衛生，多餘的皮脂和老廢角質，都可能造成搔癢和皮膚炎。狗狗也需要洗毛，但洗過頭會使皮膚和毛髮的皮脂流失，並不理想。雖然因環境而異，但是有報告指出，狗狗的毛髮在第36天時臭味最強烈。除了正在治療皮膚的情況之外，最剛好的頻率，應該是每個月洗毛1次。

狗用洗毛精分成長毛用、除蚤防蟎型、藥用、有機等類別，要配合目的來選擇。人類用的洗髮精禁止使用在狗狗身上。

①洗毛前要先梳毛，去除毛髮表面的塵埃、泥土等髒污，順開打結處。

②將蓮蓬頭調成微溫的熱水，依序淋濕腰→屁股→背部→胸→脖子根部→頭→臉，讓髒污顯現。如果狗狗會害怕，就要想辦法消除水聲。

③按照洗毛精標示的步驟，如有需要，取單次所需分量稀釋後起泡，按照②的順序抹到身體上，溫柔地清洗。也別忘了指縫。頭跟臉的部分，要先將洗毛精放在手心起泡，再以撫觸的方式輕輕清洗。

④全身洗完後，拿蓮蓬頭從身體高處依序沖掉洗毛精，臉→頭→脖子根部→背部→胸→前腳→肚子→屁股→後腳。頭跟臉部也可以拿海綿沾熱水清洗。要用心沖洗乾淨，不要殘留泡泡。

⑤用毛巾包覆身體，確實擦掉水分。若狗狗能在浴室內「甩甩身體」，自是再好不過。

⑥用吹風機吹乾。要盡量離身體遠一點或者使用冷風，以免狗狗太熱。

許多狗狗都不喜歡洗毛，因此重要的是，在幼犬時期就要讓狗狗習慣。即使如此，有些毛孩子還是很討厭洗澡，連浴室都不想踏入。如果再怎樣都做不來，也可以考慮平時先以微溫的蒸毛巾擦拭身體，將正式的洗澡交由專家執行。另外狗狗身體狀況不佳的時候，也要避免洗澡。

各位竟然喜歡泡澡？會為了變漂亮而忍耐嗎？泡太久會造成肌膚乾燥，因此泡澡以每月1次為佳。

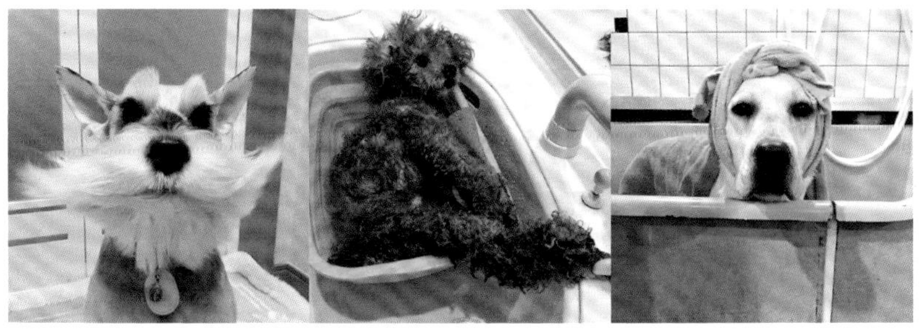

想讓狗狗永遠亮麗

讓狗狗習慣照護

需要定期執行的照護，包括梳毛、刷牙（第137頁）、剪指甲、掏耳朵等。長毛種或是毛會持續生長的單層毛狗狗等，都需要修剪毛髮。此外還有散步後洗腳、餐後要清潔嘴巴周圍等日常打理。想讓狗狗習慣這類照護，理想的做法是從小時候就開始進行這類照護。另外從這個時期起，也要積極地進行身體接觸，讓狗狗不論被摸到哪裡都能泰然自若。

想順利完成照護工作，重點在於讓狗狗明白「做了這個就會有好事發生」、「這不是討厭的事情」。絕對不能心急。幼犬期是理解、吸收各類事物的階段，若初次體驗時有好事發生（獲得獎勵或被稱讚），狗狗意外地很容易接受。

梳毛時，首先要讓狗狗熟悉毛梳。在狗狗對未知用具產生戒心之前，就要讓狗狗理解，每當毛梳靠近身體，就會有獎勵。等狗狗放下警戒後，下一步則是當毛梳碰到身體就給予獎勵，接著是稍微梳毛後就給獎勵，像這樣花時間循序漸進。此時飼主如果能一邊說著「好漂亮喔～」、「變可愛了～」等正向的話語，狗狗就會覺得「梳毛＝開心的事情」，因此對狗狗說話也很重要。

有些毛孩子一下子就能輕鬆接受，但飼主要知道，這不是一兩天就能習慣的事情，記得要耐心以對，慢慢來。其他照護也要用相同的方式，讓狗狗慢慢接受。

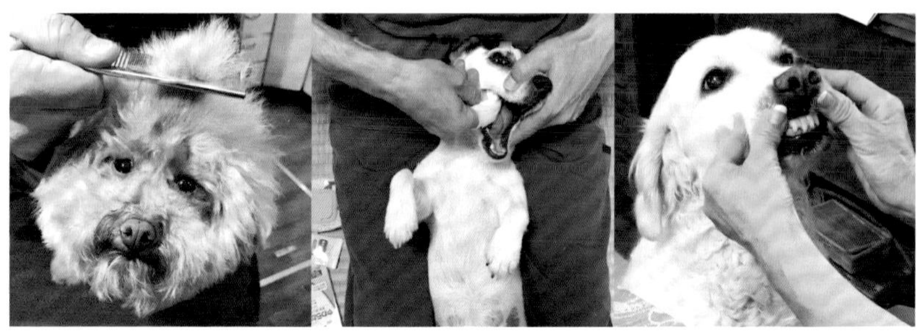

若是讓狗狗覺得痛，狗狗可能會變得討厭照護。

在家可做的美容照護

委託專家自然可行，但只要掌握了訣竅，飼主也能在家中自己進行。
不過，絕不可以勉強為之。如果狗狗在過程中暴走，很容易會受傷。
請一邊跟狗狗溝通交流，一邊溫柔、若無其事地執行。

剪指甲

狗狗的指甲中有血管分布，因此剪到血管前方就要停止。黑色指甲透不出血管的顏色，很容易剪到出血，因此要一次剪一點點。固定好手指，如圖般分3次剪掉。如果指甲變得太長，血管也會延伸出來，會變得更難修剪。

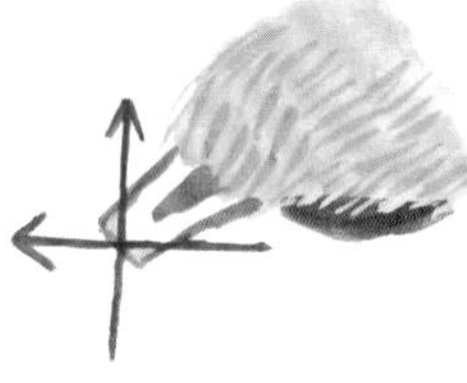

去除眼屎

眼屎大量分泌的時候，要用沾濕的棉片等，從眼頭往眼尾的方向，順著毛流輕輕地擦掉。如果已經乾掉變硬，就用沾濕的棉片稍微抵著，弄軟後就會很好去除。

掏到這邊為止

處理腳底的毛

腳底的毛太長，在木地板等處會很容易滑倒，相當危險。固定好狗狗的腳，將超出圖中標示範圍的毛修剪到可以看見肉球的程度。

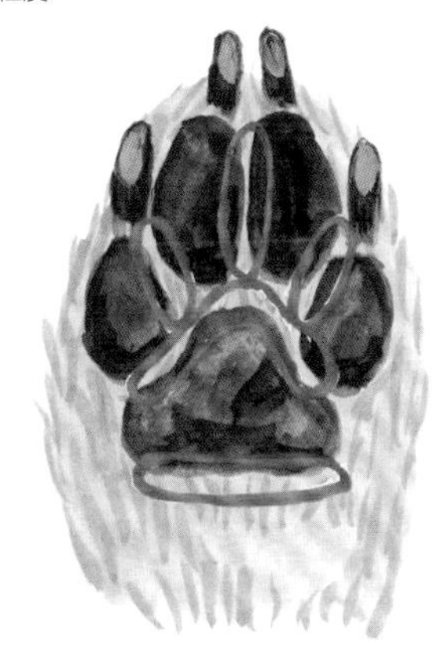

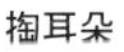

掏耳朵

偶爾檢查一下，如果沒有大礙，幾乎不需要掏耳朵。表面的髒污就用棉片輕輕擦掉。使用棉花棒很容易弄傷耳道，除非飼主相當熟悉怎麼處理，否則最好避免。

喜歡泡澡嗎？還是討厭呢？

別看我這樣，我可是很愛泡澡的喔。

麻煩肚肚也要梳毛。

對對就是那裡，我的背好舒服。

Do you like bathing?

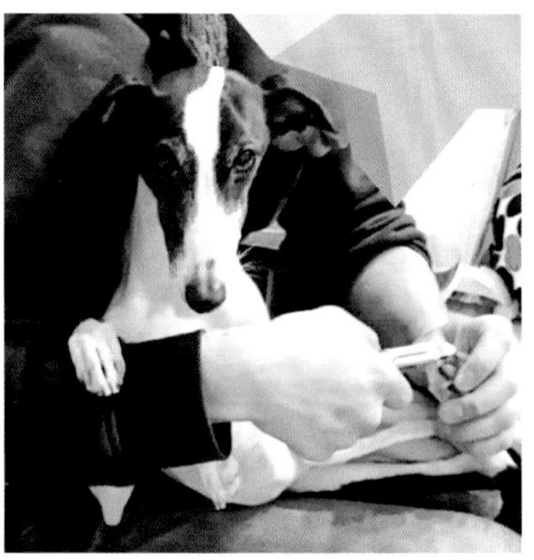

呃，拜託快點結束吧。

咦？這是我的毛啊？

好溫暖哦～你也要泡嗎？

連肩膀都泡下去，1、2、3……。

哇～這是天堂。

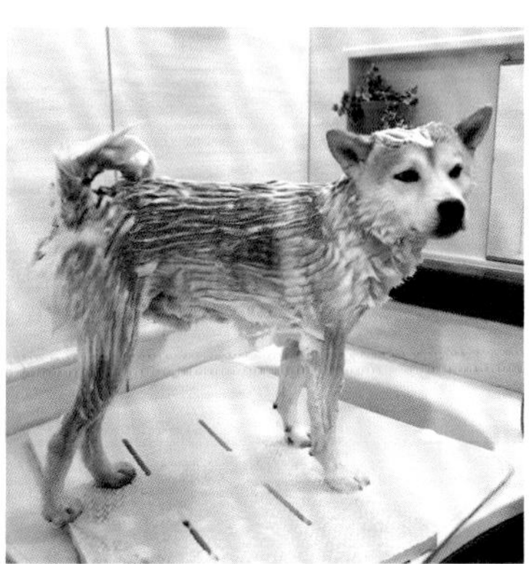

有什麼好笑的啦？

按摩是最幸福的時光

撫摸就是全身按摩

狗狗最喜歡一邊撒嬌一邊被撫摸。飼主也是一樣，想被愛犬撒嬌，也想讓愛犬感到開心。狗狗被摸會覺得很舒服的部位，包括自身碰不到的下巴下方、耳後、眉間，還有從尾巴根部到腰、肚子。撫摸這些地方，可以緩和緊張。如果狗狗翻面露出肚子，就代表在積極地撒嬌。請溫柔地幫牠摸摸吧。

撫摸的訣竅，是用手心從肩膀或背部開始摸，讓狗狗感到放心。狗狗不喜歡尾巴尖端被碰到，因此最好不要摸。另外，飼主在對待狗狗時也應該輕鬆以對，如果飼主坐立難安，狗狗察覺到就會不開心。

如果瞭解淋巴的流動和穴道，
按摩效果會更好。

按摩有提升自然治癒力的效果，跟愛犬接觸，也能增進彼此的健康。

肉球按摩

狗狗的腳底每天都在繁重地勞動。柔軟的肉球容易受到刺激，而且還會流汗，因此容易髒也容易悶熱。透過按摩照顧一下狗狗的肉球吧。

前腳的肉球有著對心臟、大腸、小腸等內臟有益的穴道，後腳的肉球則有對胃、肝臟、膽囊、生殖器、膀胱有益的穴道。另外手腳踝的附近也有許多穴道，若能將那附近整個都按一按，效果會更好。

按摩肉球必須在狗狗放鬆的時候進行。像是包起來一樣用雙手握住狗狗的腳，以兩隻手的大拇指溫柔按壓肉球。感覺就像要將肉球和手指按開那般，用揉的方式按壓。最後塗上專用的保護乳液，就能夠維持肉球的柔軟。

每隻腳約在3分鐘內做完，如果狗狗不喜歡的話就不要勉強。一開始先從輕輕觸碰開始，讓狗狗慢慢習慣吧。如果狗狗覺得舒服，之後必定會迷上。

為狗狗做肩頸按摩

狗狗身體的重心有6成都放在前方，由於經常抬頭看著人類的臉，
因此前腳的根部、胸部、脖子附近意外地都很僵硬。
在碰觸身體的時候幫狗狗紓解酸痛吧。

①撫摸肩胛骨

前腳根部靠近背部那側，肩膀的部分就是肩胛骨。用手心包覆此處，由前方朝後方畫圈，拉動皮膚。

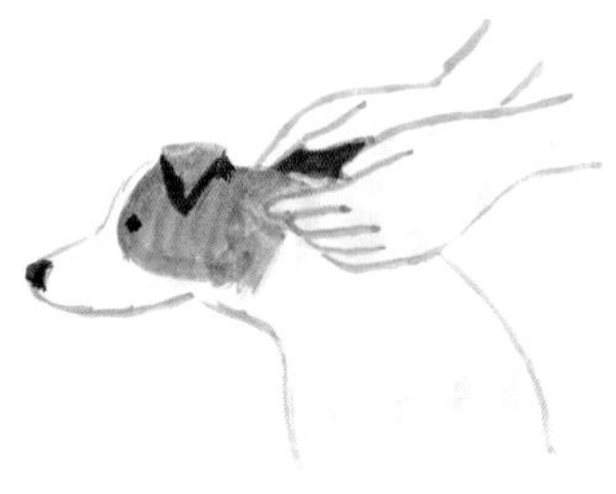

②按摩後頸

併攏大拇指以外的4根手指，按摩後頸。不要太用力，用拉動皮膚的方式，按摩從肩胛骨至耳朵後方的頸部筋絡，來回10～20次。

③按摩胸部

接下來換成前腳根部的前側，從胸部往肩胛骨的方向，用4根手指頭畫圈按摩。不能太用力，以推動皮膚的方式，來回10～20次。

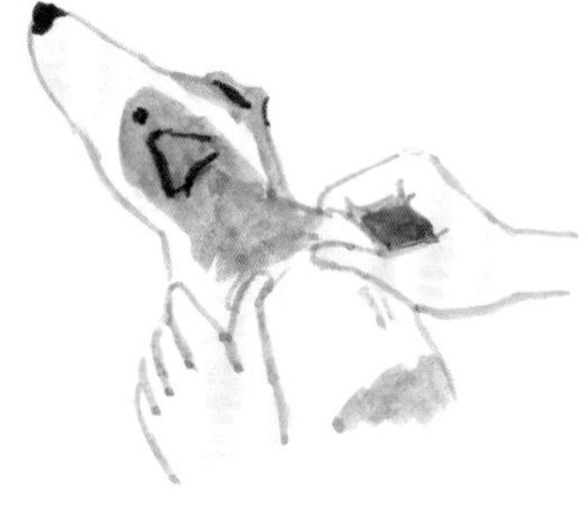

④放鬆肩關節附近

捏起肩關節附近的皮膚，揉捏放鬆。輕輕捏住皮膚，拉起來後放手，在頸部～肩膀附近分成幾處進行。共約10次。

依症狀認真按壓穴道

狗狗就跟人類一樣，也有經絡和穴道；
穴道的位置和按壓穴道的效果，也跟人類非常類似。
試著在放鬆時壓　壓穴道，幫助愛犬維持健康吧。

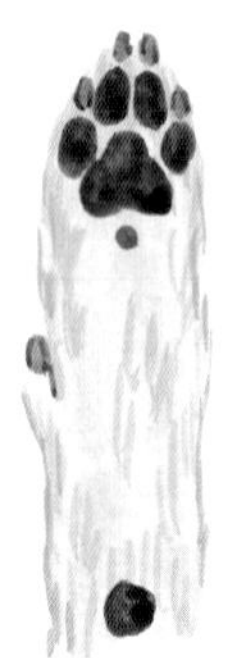

消除疲勞的穴道①
（勞宮穴）

此穴道位於前腳最大肉球的上側（靠近手腕那側）。左右腳都有。按壓此處可放鬆身心，緩和緊張及壓力。這個穴道會促進循環器官發揮功用，改善血液循環，亦可期待循環全身的氧氣量增加。

消除疲勞的穴道②
（湧泉穴）

此穴道位於後腳最大肉球的上側（靠近腳跟那側）。左右腳都有。是能提起精神的穴道。按壓勞宮穴和湧泉穴時，用拇指壓著穴道，數1、2、3朝腳尖加壓，維持3秒。再數1、2、3慢慢放鬆力道。前後左右各做20～30次。

提升抵抗力的穴道
（命門穴）

此穴道的位置，是從最靠近屁股那側的肋骨的背骨起，往尾巴方向算去第3個背骨的突起處。可調整全身均衡、提升抵抗力。對腰痛也很有幫助。用拇指或食指1次按壓5～10秒，做10～20次。也可搭配用溫毛巾熱敷命門左右側的腎俞穴。

按壓穴道的基本方式

- 數1、2、3緩緩增加力道，維持3～5秒，再數1、2、3緩緩放鬆力道。
- 若是按摩者的手很冰冷，要先弄暖之後再進行。
- 大型犬、肌肉較多處的穴道要用拇指，小～中型犬則使用食指。
- 一邊觀察狗狗的神情是否會疼痛，一邊注意別太用力。尤其是小型犬，只需輕壓便足夠了。
- 狗狗自不用說，按摩者自己保持放鬆也很重要。
- 狗狗的身體狀況不佳時、受傷時、懷孕期間、空腹時、用餐後，都要避免進行。

P.107 – 108參考來源：《狗的經穴按摩：預防疾病、元氣加倍！》（石野孝、相澤瑪娜／晨星出版）

Inu Medical

健康篇

健康篇

狗狗健康不可少

及早發現疾病的 7個約定

明明每天都會見面，如果疏於交流，
可能會察覺不出愛犬的變化。留意微小的改變，
就能守護愛犬的健康。7 個約定，讓狗狗健康久久！

盡早察覺異於平常的情況

唯有身為家人的你，才能察覺愛犬的異常變化。為了使愛犬一直健健康康，早期發現疾病至關重要。

→ P.138

濕鼻子代表很健康

鼻子的濕潤狀態、乾燥狀態，有無眼屎或口臭等，在一天之內也會出現變化。從眼口鼻等部位，都能得知愛犬的身體狀況。

→ P.118

想吃更多很正常

有食慾代表狗狗很健康。此外諸如明明都有吃卻變瘦、吃太多而慢慢變胖等，要每天量體重，才能掌握到這些變化。

→ P.126

透過眼神接觸察覺心靈和身體的異常變化

狗狗是少數能夠透過眼神接觸交流的動物。每天對望數次，就能留意到愛犬的心情和身體狀況的變化。

→ P.154

瞭解狗狗的出身採行預防醫學

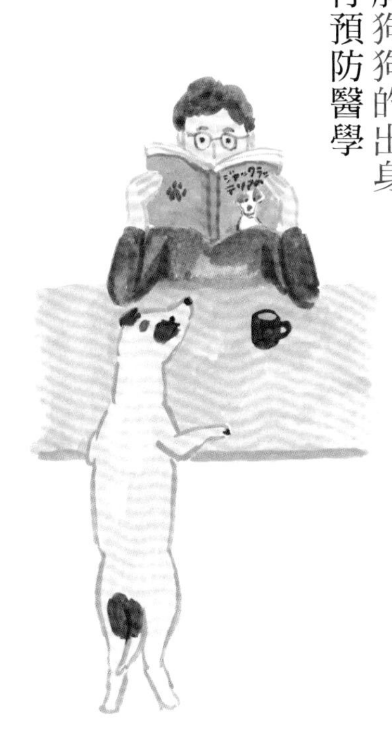

各個犬種容易罹患的疾病都不同。先行瞭解就能在生活中多加留意。

→ P.121

檢查糞便、尿液是飼主每天的工作

健康狀態會顯現在排泄物中。倘若排泄次數過多、顏色或形狀有異樣，或許就是疾病的徵兆。

→ P.144

觸碰身體確認勻稱程度

身體接觸，無論人狗都會開心，對確認健康狀態也有幫助。飼主應確認狗狗的體型變化和體溫、身上是否有長出異物等。

→ P.124

PART 1

健康管理與預防疾病

狗狗是我們深愛的家庭一員，
要養成預防醫學的習慣，
才能讓狗狗常保健康。

別忘了每年1次的健康檢查

狗狗在年輕時不太會生病，飼主或許會覺得：「好像也不需要做健康檢查吧？」不過，若懈怠了1次一年一度的健康檢查，狗狗在一年間的成長，就相當於人類增加了10歲左右。這樣一想就會明白，每年1次的健康檢查有多重要。哪怕罹患了疾病，只要能早期發現、早期治療，也就更有可能回歸精神飽滿的生活。如果能從幼犬時期就找好熟悉的醫院，讓醫院掌握愛犬的完整情況，在各個方面就能更加安心。

動物醫院是個好地方？

許多狗狗都不喜歡醫院，
但定期體檢一定要做！

定期體檢成就預防醫學

預防醫學的意思是，不要等到生了病才治療，而是盡量不要生病、維持不容易生病的身體，進而保持健康。這種思維在人類醫學中也相當受到關注。預防醫學分成數個階段。

初級預防：在健康期間仍需在生活中預防疾病，以期達到未病先防和無病的境界。這是所有人都盼望的理想預防法。為此最重要的是必須減輕壓力、從容過活。如此一來就能增進健康，使免疫力和代謝更加活躍，逐步打造出均衡的身體。

事先瞭解犬種的特徵和弱點也很重要。例如玩具貴賓犬、馬爾濟斯等狗狗的膝蓋骨容易脫臼（第121頁）；巴哥犬等短吻犬種容易有呼吸道疾病（第143頁）；吉娃娃則容易罹患心臟疾病（第150頁）等，先瞭解遺傳上的潛在可能（第121頁），就能擬定對策，達到預防的效果。

次級預防：指透過健康檢查早期發現、早期治療，防止疾病惡化。在防止發展成重症的意義上，近年來變得愈來愈重要。若可以找出疾病的起因，就能幫狗狗解決症狀。另外，就算透過血液檢查等途徑發現了某種疾病，只要得以早期發現的話，都有可能掌握病因、逐步排除。

三級預防：指的是重症治癒後，讓狗狗回歸原本的生活狀態。假如一直在住院，就要讓狗狗恢復到能夠出院。若能在早期發現並施以適切的治療，最終回歸原本的生活，那就再好不過。之後

健康檢查的主要項目

	幼齡期 未滿3歲	成犬期 3~6歲	中年期 7~10歲	高齡期 11歲以上	超高齡期
身體檢查	○	○	○	○	○
血液全血球檢查	○	○	○	○	○
血液生化檢查	○	○	○	○	○
尿液檢查	○	○	○	○	○
糞便檢查	○	○			
病毒抗體、過敏檢查	○				
X光檢查（腹部、胸部）	○	○	○	○	
X光檢查（手肘、膝部）				○	
超音波檢查（心臟、腹部）			○	○	
SDMA（腎功能指標）			○	○	
果糖胺			○	○	
T4（甲狀腺激素）				○	

亦要持續進行定期健檢，預防狗狗再度發病。

定期體檢的內容

每年1次的健康檢查，是瞭解愛犬的健康狀態、往後生活應注意事項的絕佳機會。在體檢中會確認體重、體溫、心搏數、呼吸次數，並且會進一步診斷毛髮、眼球、耳道、口腔和牙齒、牙齦，確認心雜音、進行腹部觸診、確認是否有腫瘤等。搭配血液檢查和尿液檢查，並視需要執行X光或超音波檢查，就能得知健康狀態。

狗狗的血液檢查

血液檢查分成血球檢查和生化檢查這2種，前者會測量紅血球、白血球、血小板、血漿的量；後者會檢查血液中所含蛋白質、醣類的量，確認內臟消化器官的機能。藉此得知狗狗的營養狀態以及內臟機能的狀態。

大型犬從7歲起、中型犬以下則從滿8歲後，建議每年接受1～2次血液檢查。超過10歲之後每年做2次，這樣將有助於早期發現疾病。而即使如此，仍然會有些漏網之魚的疾病。檢查時除了檢查結果，包括狗狗的症狀、病況、甚至飼主的情況等，都要全面告知家庭醫師。此外若有照片或影片，將能更正確地傳達。

血液檢查的內容與項目的意義

狗狗的血液檢查大致分成5個項目。

❶血球檢查：調查貧血、脫水狀況。
WBC（白血球）過高代表有發炎症狀，過低代表免疫力低下。RBC（紅血球）過高是脫水，過低是貧血。PLT（血小板）過低，血液會難以凝固。

❷生化檢查：調查內臟機能。
ALP、AST、ALT、γ-GTP，若全數過高，代表肝臟機能有問題。BUN、CREA過高，則代表腎功能低下，高齡犬必須留意。GLU（血糖值）過高可能有糖尿病，過低可能是低血糖，幼犬必須留意。AMY、LIP過高，可能有胰臟炎。TG、CHOL過高為高血脂症，有減重的必要。Ca、P為代謝相關項目。

❸CRP（發炎指標）：數值會因腫瘤、感染性、免疫性等炎症而升高。

❹抗體檢查：透過狗用疫苗進行抗體力價檢測。透過犬心絲蟲病診斷工具進行抗原檢驗。

❺痰液檢查：在顯微鏡下確認血球。

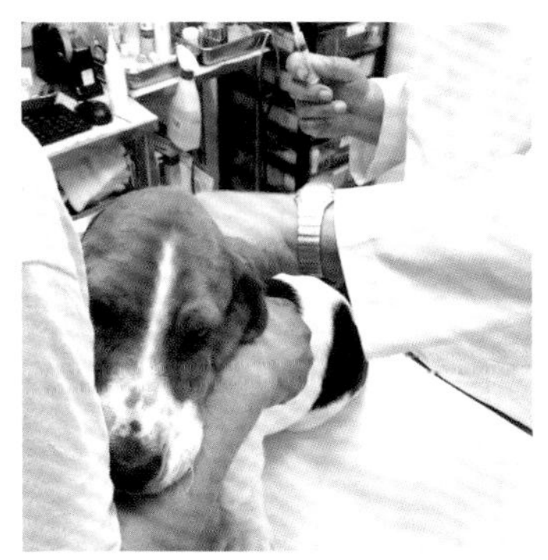

希望能找到好醫生

希望能在家附近
找到值得信賴的醫師。

好的獸醫哪裡找？

一般所謂的家庭醫師的挑選標準，包括便於前往的距離、豐富的設備、知識及技術、醫生和員工的配合程度、會站在飼主立場思考的獸醫、能選擇治療方法的知情選擇（能先得知充分資訊再做選擇）、能獲得悉心說明的知情同意（能先得知充分資訊再同意）、擅長解讀動物狀況、院內的清潔程度、能否幫忙轉介二級醫療院所（其後仍能回歸家庭醫師）等。

近年，能夠進行檢傷分類（在災變等時刻，能夠判斷治療優先程度）這一點，也逐漸受到重視。

問診前先做好準備

若有習慣就診的獸醫，除了告知愛犬的品種、年齡之外，包括體質、身體狀況、病歷、性格、偏好等資訊，全都要讓醫師知道，這點相當重要。有責任傳達這些資訊的不是狗狗，而是身為飼主的你。如果狗狗的狀況不佳，是怎樣的狀態？飼主要告知醫師狗狗的食慾、糞便狀態，若有嘔吐物、腹瀉物，也可以攜帶照片或實體供醫師判斷。

另外動作有異、咳嗽、癲癇發作等難以在診間重現的狀況，若能先拍成影片將會很有幫助。

跟經常就診的獸醫建立起良好的關係，能夠聊狗狗的所有事情，是最理想的狀態。

人們開始尋求「二級醫療」

一般的動物醫院，幾乎都是提供初級醫療（Primary Care）的地區緊密型家庭醫院。動物醫療照護原本光這樣就很足夠了，但隨著時代演進，已經慢慢出現更複雜的醫療需求。其中，能夠支援一般動物醫院初級醫療的專科醫院，以及包含二級醫療在內的醫療網絡，就產生了更高的必要性。人們開始尋求更專精深入的醫療技術，在動物醫療領域中，皮膚科、腫瘤等等的專科診療也在逐漸增加當中。

飼主必須代替患者（犬）正確傳達症狀喔。

疫苗的必要性？

為了防止感染的風險，
記得要先接種。

疫苗是什麼？

喝母乳長大的幼犬，會從親代獲得移行抗體，從而對感染症免疫。當這個移行抗體逐漸減少後，幼犬自身就會逐漸開始製作抗體，但是在這段時間內，則必須要接種疫苗，保護愛犬免於感染症才行。

狗狗疫苗大致上可以分成所有狗狗都應該施打的「核心疫苗」，以及根據感染的可能性、飼養環境等因素，選配施打的「非核心疫苗」這2種。另外，狂犬病屬於核心疫苗，依法有義務讓狗狗接種。

該在何時接種疫苗？

出生後8～16週齡期間，從初乳獲得的免疫力會漸漸消退，此時便應該要接種。基本上從出生8週齡以後，就必須以4週為間隔，接種2次。讓最後一次接種在出生後16週齡時完成。沒喝初乳長大的幼犬，從出生6週齡起就要以4週為間隔開始接種。

核心疫苗在一年過後，要再施打1次補強疫苗，其後建議每一～三年接種1次。接種當天要寧靜地度過，因為接種後有0.01～0.03%的機率會出現食慾不振、低燒等症狀，或者是引發過敏性休克等副作用。

狗狗的疫苗類型

		單一	2合1	3合1	4合1	5合1	6合1	7合1	8合1
核心疫苗	狂犬病	○							
	犬瘟熱		○	○	○	○	○	○	○
	犬傳染性肝炎			○	○	○	○	○	○
	犬腺病毒第二型			○	○	○	○	○	○
	犬小病毒感染症		○			○	○	○	○
非核心疫苗	犬副流行性感冒				○	○	○	○	○
	犬冠狀病毒感染症						○		○
	犬鉤端螺旋體症（L. icterohaemorrhagicae）							○	○
	犬鉤端螺旋體症（L. canicola）							○	○

※狂犬病疫苗每年要單獨接種1次。其他則可依據感染的可能性、飼養環境等，從上列組合中選擇要施打幾種。

在家中也能健康檢查

身為飼主的你，必須察覺愛犬所有的微小異常。
利用在「狗狗健康不可少」的單元介紹的檢查法，盡全力早期發現疾病吧。

「狗狗健康不可少」的檢查法

盡早察覺異於平常的情況：樣態是否有異

狗狗有沒有精神、有無異常的行為舉止、呼吸是否急促等等，飼主要確認狗狗的狀態是否與平常不同。蜷起身子、抬著腳或拖著腳走路、冷不防汪汪吠叫、被觸摸後展現攻擊態度等，或許就是疼痛的徵兆。

濕鼻子代表很健康：確認各部位

流著鼻水、產生大量眼屎、耳朵有味道、有口臭等，都是某種訊息。狗鼻子的狀態在1天之內也會有變化，某些時段可能偏乾，但若是極度乾燥、皸裂，就要懷疑是發燒、脫水或皮膚疾病。此外也要確認指甲和肉球的狀態。

想吃更多很正常：確認食慾

食慾是健康的指標。尤其狗狗有時會猛吃一番，即使已經吃了適宜的食物量，也感覺不到「肚子已經飽了」。狗狗一直有食慾相當正常，代表著身體狀況良好。

透過眼神接觸，察覺心靈和身體的異常變化：解讀徵兆

狗狗會用眼神來表達心情。若能每天透過眼神接觸觀察狗狗的樣態，就能留意到些微的異常變化，發現狗狗的身體狀況不佳。

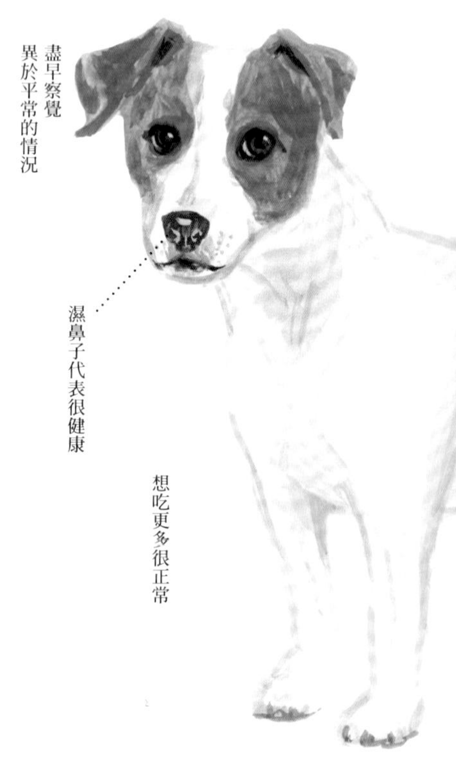

瞭解狗狗的出身，採行預防醫學：預先認識各品種的常見疾病

尤其是純種犬，各個品種都有容易罹患的疾病。先行瞭解犬種的特徵，將有益於預防這類疾病。而理解狗狗的出身，也會更瞭解狗狗的體質和性格等。

檢查糞便、尿液是飼主每天的工作：確認顏色和次數

尿液除了次數和量之外，還必須確認顏色、氣味是否異於平時。糞便也要確認次數、量和狀態。隨著吃下的食物不同，量、顏色、氣味都會改變，但是腹瀉和血便則是不舒服的徵兆。也要留意便祕。

同時也應確認體重

體重有無急遽增減、是否有肥胖的跡象？只要每天測量體重，再小的變化也能察覺出來。抱著狗狗站上體重計，再減去自身體重，是比較簡單的方法。小型犬最好以0.1g為測量單位。

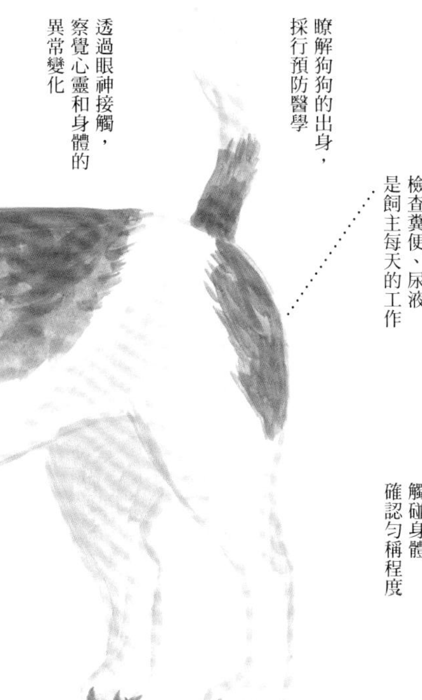

觸碰身體確認勻稱程度：在身體接觸時觸診

確認狗狗的體型變化，是否有掉毛、毛團、皮膚炎、疣、皮屑、跳蚤、硬塊、腫脹、疼痛的部位。碰觸腋下或跨下來確認體溫。每天碰觸，就會知道體溫較平常高或低。

偶爾要幫狗狗清理肛門腺

狗狗的肛門附近有肛門腺，會分泌氣味強烈的肛門腺液。如果無法自行排出，過度積累可能導致肛門囊發炎。因此最好學會擠肛門腺的方式，每月幫狗狗擠1次即可。也可以請醫院和寵物沙龍協助執行。

狗狗有哪些常見疾病？

在這個時代，連狗狗都非常長壽。
疾病的類型也變多了喔。

長壽雖然值得喜悅

狗狗的壽命已經變得相當長了。這固然值得開心，但進入高齡後會發生的疾病也跟著增加了。以下將列舉隨著年齡增長容易發生的疾病。

- **糖尿病**：會有多喝多尿、急速變瘦等症狀（第150頁）。
- **心臟病**：會有咳嗽、呼吸困難等症狀（第150頁）。
- **腎臟病**：腎衰竭（第165頁）等。會多喝多尿、嘔吐、食慾不振。
- **腫瘤**：乳腺腫瘤、惡性淋巴瘤、脂肪瘤等等，都是惡性癌症（第134、151頁）。
- **胰臟炎**：會因強烈腹痛採取拱背的姿勢（第153頁）。
- **眼部疾病**：老化性白內障（第165頁）等。狗狗會變得不再玩耍、常常撞到家具等。
- **肌肉骨骼疾病**：會因疼痛而變得不想行走。
- **牙齒疾病**：牙周病（第137頁）等會導致嚴重口臭。
- **皮膚疾病**：因免疫力過低等原因，會引發感染症（第133頁）。

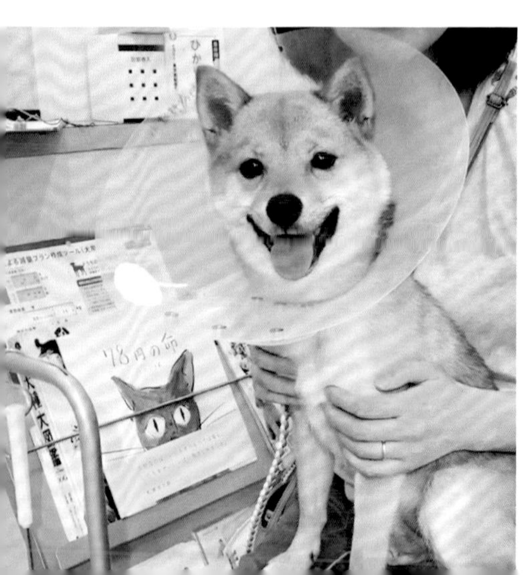

絕育、結紮可以預防疾病？

公狗結紮的好處，是能大幅降低前列腺肥大、肛門周圍腺腫的發病機率；由於摘除了精囊，可以防止精囊腫瘤。另外若是狗狗患有睪丸留在身體內的「隱睪症」，睪丸可能會化為腫瘤，因此建議最好要結紮。

母狗若能在初次發情前就接受絕育手術，將可大幅降低惡性乳腺腫瘤的發病機率；即使在初次發情後接受手術，機率仍然能降低。由於摘除了子宮、卵巢、陰道，也不會罹患子宮蓄膿症。缺點部分，目前已經確認不論公狗或母狗，皆可能輕度增加罹患移行上皮癌、骨肉瘤、淋巴瘤、肥大細胞瘤等疾病的機率。

體質會跟狗媽媽很像嗎？

可能會有遺傳性疾病。

家中寶貝是否有遺傳性疾病？

遺傳性疾病，是由基因導致出生後就發病的疾病。多見於純種犬，各品種容易罹患的疾病也各有不同。人們不斷追求各品種標準的外型、特徵，最後採取了近親交配等方式，是產生遺傳疾病的主要因素。

繁殖者在繁殖前應檢查是否有基因異常，包括若親代犬是帶原者，就不要用於繁殖等，必須努力排除負面基因不讓它遺傳下去。不過，帶原基因尚不明朗的疾病，也有可能檢查不出來。

狗狗的遺傳性疾病

目前已知狗狗的遺傳性疾病多達約500種，其中大部分在幼犬時期就可以確認。

- **髖關節發育不全**：髖關節異常，處於容易脫臼的狀態。70%為遺傳性，好發於大型犬。
- **膝蓋骨脫臼**：膝蓋骨（髕骨）移位，後腳骨頭和肌肉發生歪扭。好發於小型犬，先天後天都會發生。
- **水腦症**：最晚在1歲齡之前會發現。幾乎都是先天遺傳性。
- **癲癇**：突發性癲癇屬於遺傳性癲癇。

各犬種的遺傳缺陷例子

• 柴犬	**犬異位性皮膚炎**：參照P132。 **GM1神經節苷脂儲積症**：1歲齡即會出現神經症狀或運動失調，有時數月內就會致死。
• 邊境牧羊犬	**神經元蠟樣脂褐質儲積症**：脂色素儲積於腦細胞中，2～3歲齡即會死亡，有時必須面臨安樂死的選項。
• 巴哥犬 • 北京犬 • 西施犬 等	**短吻犬呼吸道症候群**：好發於短吻品種，會併發鼻道狹窄、軟顎過長、氣管塌陷等疾病。
• 威爾斯柯基犬 • 德國牧羊犬 等	**變形性脊椎症**：脊椎變形，日漸難以步行。無法根治，可透過復健等減緩病情進程。
• 臘腸犬 • 法國鬥牛犬 • 威爾斯柯基犬 • 米格魯 等	**椎間盤突出**：好發於所謂的「軟骨營養異常」犬種。
• 吉娃娃 • 蝴蝶犬 • 貴賓犬 • 約克夏㹴犬 • 臘腸犬 等	**犬漸進性視網膜萎縮症（PRA）**：此疾病始於視力弱化，最終會發展成失明。

有會傳染的疾病嗎？

有些感染症可能致死，
因此施打疫苗相當重要。

感染症很危險

感染症是因病毒、細菌進入體內所引發的疾病。也有寄生蟲所引起的感染症。某些感染症的致死率極高，也有某些感染症甚至會感染給其他動物和人類。感染症可透過接種疫苗來預防，就算感染了也只會出現輕症。

還小的幼犬抵抗力很差，某些成犬容易治癒的感染症，若是發生在幼犬身上，將有致命之虞。在完成疫苗接種之前，先別出門散步或跟其他狗狗接觸，這些預防工作也很重要。

狗狗會罹患的感染症，大致上可以分成以下3個類型。

病毒感染：細菌、病毒進入體內增生導致發病。

・犬小病毒感染症：持續上吐下瀉、有脫水症狀，會逐漸衰弱，幼犬甚至可能在幾個小時內死亡。是傳染力極高的感染症。

・犬瘟熱：幼犬、高齡犬的死亡率比較高，會有發高燒、精神差、食慾不振、腹瀉、嘔吐、眼屎、鼻水等症狀。

此外還包括細菌性腸炎、犬冠狀病毒感染症、犬舍咳等。

外部寄生蟲：附著在體表的寄生蟲所引發的感染症。會產生過敏反應，或染上由寄生蟲傳播的疾病等。附於狗狗身上的外部寄生蟲，包括犬蚤、硬蜱、犬蠕形蟎、恙蟎、犬穿孔疥癬蟲等，人類也可能會受害。

內部寄生蟲：因寄生蟲寄生於體內所引發的感染症。

・犬心絲蟲病：感染媒介是蚊子，會寄生於心臟的右心室（第153頁）。

・蛔蟲：約4～20cm左右，從前許多幼犬皆有蛔蟲，近來則已減少。也可能混在糞便中排泄出來。

・瓜實條蟲：由約1cm的條蟲節片連接而成。以約15～50cm的長度寄生。

・球蟲：寄生於腸道中，會讓狗狗持續腹瀉。投以磺胺類藥物數日可驅蟲。

・梨形鞭毛蟲：寄生於腸道中，會讓狗狗持續腹瀉。經常是在繁殖場被感染，主要可透過抗體檢測確認。

狂犬病並非走入歷史的疾病

狂犬病是感染狂犬病毒所引發的疾病，據信致死率為100%，包括人類在內的所有哺乳類都會感染。

日本於1955年制定《狂犬病預防法》，建立起防疫體系。在日本，人類自1954年，狗狗自1956年，最後貓則是自1957年起，再也沒有出現過狂犬病，成為狂犬病清淨國家。

然而2012年，曾為狂犬病清淨國家的臺灣，卻相隔五十二年後因野生鼬獾而發生狂犬病，甚至傳染給狗狗。直到2017年的五年內，共有607隻確診。

野生動物進入都市的新聞向來不絕於耳，在浣熊等野生化動物不斷增加的日本，狂犬病同樣可能隨時捲土重來。貓咪亦然。

要留意硬蜱的感染症

硬蜱（俗稱壁蝨）是一種棲息在野外的寄生蟲，會寄生在經過的生物上吸血。被叮咬後雖然不會馬上發癢，卻可能會引發貧血或過敏。更可怕的是叮咬所引發的感染症。以下列舉2種由硬蜱引發的感染症。

- **焦蟲症**：名為焦蟲的原生動物，在狗狗的紅血球內繁殖，並破壞紅血球。症狀包括貧血、食慾不振、發燒等，病情加重後亦有死亡之虞。
- **萊姆病**：此感染症是由稱為伯氏疏螺旋體的細菌所引發，成犬也有未發病的案例，可是一旦發病，就會出現發燒、食慾不振、全身性痙攣、關節炎等等的症狀。

硬蜱不僅棲息在山區，也會出沒於公園草叢等處。在硬蜱活躍的季節，要用驅蟲藥來預防。一般會請醫院開立內服型或滴劑型的除蚤、除蟎藥，在夏季前夕到晚秋之間使用。

若造訪可能藏有蜱的地方，在返家後檢查狗狗的身體也很重要。在狗狗身上找到蜱時，如果拉扯取下，蜱的口器就會殘留在體內，因此別自行處置，請帶至醫院。

認識共通傳染病

共通傳染病，是指人類跟狗狗（動物）都會發病的感染症。人的感染症約有1700種，其中約半數皆是共通傳染病，在日本國內已確認到40種左右。狂犬病會從染病的狗狗傳染給人類，其他像是巴斯德桿菌症、貓抓病、皮癬菌症、胞條蟲症、跳蚤過敏性皮膚炎、犬咬二氧化碳嗜纖維菌感染症等，都是狗狗可能傳播給人類的傳染病。其中某些疾病狗狗雖然沒有症狀，人類卻會發病。只要避免過度深入的接觸、避免狗狗抓咬，即可預防。

PART 2

檢查外表有無異狀

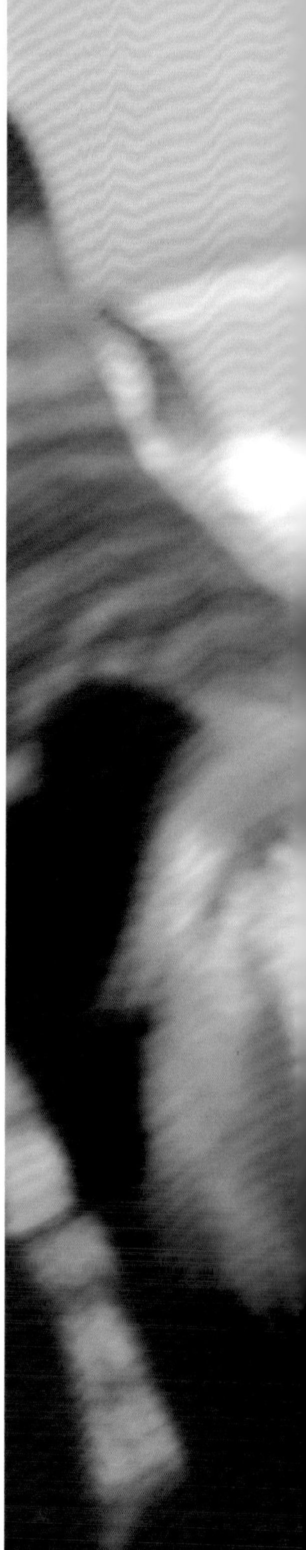

變胖？變瘦？
毛髮失去光澤？
當狗狗身體
發生了任何異狀，
外觀上都會顯現出變化。

別放過微小的變化

除了體型變化之外，包括眼屎過多、掉毛或有皮屑、耳朵或嘴巴有味道等，當愛犬的情況異於平時，總會讓人擔心不已。這有時是自然的生理現象，大多沒有任何問題，但也無法保證每次都必定如此。飼主不能認為是常見的情形就放著不管，至少要赴醫院接受一次診斷看看。如果不是生病，那就更放心了。若能事先瞭解狗狗的品種、體質所容易發生的症狀，就能在日常生活中多多留意。

急速變瘦、變胖

現代狗狗尤其容易肥胖，要多多留意。

太胖太瘦都不好

這是個連狗狗都能夠吃飽喝足的時代。從居家用品量販店到網路商城，全都充斥著狗食，可說是個完美的增胖環境。很遺憾地，不得不說飼主對於狗狗過胖的危機感實在過低。過度肥胖自不用說，異常的消瘦亦是不健康的狀態。遵守適宜的用餐量（第29頁）、進行適度運動，是維持健康的第一步。另外也有非常多的案例，是因餵食過多的零食而造成肥胖。

觸碰身體確認狀態

運用狗狗的體型指標「體態評分指數（Body Condition Score, BCS）」即可輕鬆確認狗狗的肥胖程度（參照下表）。理想的BCS是3，有以下3個判斷要點。

①觸碰時可確認肋骨。

②從上方觀看，可確認腰部前側變細的曲線。

③從側面觀看，腹部朝後腳方向上揚。

通常小型犬會在1歲時、大型犬會

體態評分指數的標準

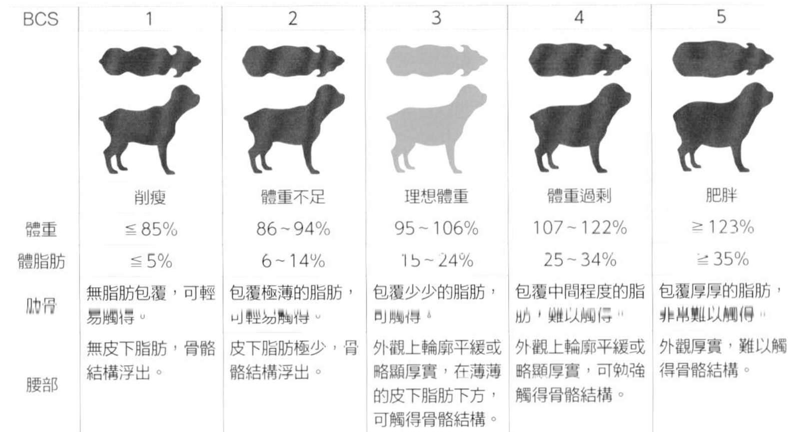

BCS	1	2	3	4	5
	削瘦	體重不足	理想體重	體重過剩	肥胖
體重	≦85%	86～94%	95～106%	107～122%	≧123%
體脂肪	≦5%	6～14%	15～24%	25～34%	≧35%
肋骨	無脂肪包覆，可輕易觸得。	包覆極薄的脂肪，可輕易觸得。	包覆少少的脂肪，可觸得。	包覆中間程度的脂肪，難以觸得。	包覆厚厚的脂肪，非常難以觸得。
腰部	無皮下脂肪，骨骼結構浮出。	皮下脂肪極少，骨骼結構浮出。	外觀上輪廓平緩或略顯厚實，在薄薄的皮下脂肪下方，可觸得骨骼結構。	外觀上輪廓平緩或略顯厚實，可勉強觸得骨骼結構。	外觀厚實，難以觸得骨骼結構。

※理想體重之計算法：從上述體型說明及插圖，判斷愛犬屬於BSC1～5的哪一種，以目前的體重，除以推估愛犬所符合的％數。

在2歲時達到該體型的適宜體重。將理想的體型拍成照片，持續記錄體重的變化，之後會更容易知道「狗狗變胖了、變瘦了」。

肥胖的風險

所謂肥胖，是指體脂肪超過適宜比例（15%）的狀態。不同於肌肉飽滿，會發展成圓滾滾的體型。肥胖將有引發各類疾病的風險。

①體重對腳造成負擔，導致關節、髖關節受傷。另外如迷你長毛臘腸犬等，會因肥胖導致椎間盤突出（第148頁）。

②也可能引發糖尿病（第150頁），最終再怎麼吃都會不斷變瘦。治療方面甚至需要每天注射胰島素。攝取過多的碳水化合物、運動量不足也是原因之一。

③患有心臟病（第150頁）的狗狗如果過胖，會導致病情惡化。在激烈運動時會引發呼吸紊亂、咳嗽、陷入呼吸困難，或是發生突然跌倒等情況。

過胖時可能患有的疾病

甲狀腺機能低下症，是由於甲狀腺自身的機能不足，導致甲狀腺素分泌變少所引發的疾病。好發於7～8歲齡的中型犬，會出現急速變胖使動作遲鈍、發呆、皮膚乾燥、色素沉澱等情形。

此外，如果覺得狗狗好像胖了，也有一些案例是因為累積胸水、腹水，或是水腫導致的，因此不能只靠體重增加來判斷，飼主也要留意體型的變化。

過瘦時可能患有的疾病

罹患糖尿病後，不論吃多少東西仍會逐漸變瘦。最終將引發食慾不振、無精打采，若陷入昏睡狀態，甚至有可能會致死。糖尿病還會引發諸如白內障、細菌感染導致的皮膚病、膀胱炎、子宮蓄膿症等併發症。

庫欣氏症候群（第131頁）的特徵是多喝多尿，明明有食慾卻逐漸變瘦。此疾病是引起糖尿病的要因，會使毛髮稀疏、掉毛、皮膚變薄、腹部脹大。有時候也會因為治療犬異位性皮膚炎等疾病，長期使用類固醇藥劑，而引發相同的症狀。

球蟲、蛔蟲等寄生蟲感染，亦可能導致持續腹瀉而變瘦。

參考體態評分指數（左表），透過觸碰身體就能確認肥胖程度喔。請主人幫忙確認一下吧。

今天早上也有眼屎

有時不必太擔心眼屎。

如果出現眼屎

眼屎是附著於眼部的塵埃與皮脂腺分泌物凝固而成的生理性物質。透明、少量的眼屎屬於正常，但若呈現黃色、綠色或是大量分泌，就要懷疑是病毒或細菌感染，去醫院接受診察。另外若是伴隨鼻水的話，則要懷疑是犬瘟熱（第122頁）的初期症狀，會大量出現偏黃的眼屎。若免疫力充足，僅會有輕度的呼吸道症狀，但幼犬和高齡犬則需多加留意。

從眼屎所能判斷的眼部疾病，包括以下幾種。

- **結膜炎**：眼白充血變紅。流淚、頻頻眨眼。若只有單眼，可能是洗毛劑跑入或受傷；若是雙眼都這樣，則可能是感染症或過敏。
- **角膜炎**：眼球表面的透明薄膜受傷，或因眼屎引起發炎的狀態。會疼痛，所以眼睛會睜不太開。
- **葡萄膜炎**：眼睛的葡萄膜感染病毒或細菌而發病。眼白會充血，並伴隨大量的眼屎和強烈疼痛。
- **青光眼**：眼壓升高，伴隨著強烈的痛楚。分成遺傳引發的原發性青光眼，以及因炎症引發的續發性青光眼。柴犬、西施犬等犬種比較容易發病。

狗狗也有乾眼症

乾眼症（乾性角結膜炎）是因淚液分泌不足，使角膜呈現乾燥狀態，會導致眼部充血，產生黃膿般的眼屎。惡化後會引發角膜潰瘍。此外，某些自體免疫性疾病會使淚液量變少，也可能引發此病。治療時會使用眼藥、藥膏等來補充淚液量。眼瞼內翻、眼瞼外翻等，由於眼瞼形狀所引發的乾眼症，也可以透過整形手術來處理。預防方式是要保持眼睛周圍的清潔。眼睛大而凸的西施犬、巴哥犬等犬種比較容易發病。

「你知道嗎？據說大眼睛的孩子更容易罹患眼部疾病喔。」

其他眼部疾病

以下是年輕狗狗也會發生的日常眼部疾病。只要掌握知識就有辦法預防。

眼瞼內翻、外翻：眼瞼翻向內側，或是翻向外側的狀態。可以透過外科手段矯正。

第三眼瞼腺體脫出（櫻桃眼）：瞬膜腺體自眼睛內側的瞬膜處脫出，腫脹發紅。需施以外科處理。

發生眼部疾病時，為了避免角膜二次損傷，可能得先讓狗狗配戴伊麗莎白項圈。但有些狗狗戴著伊麗莎白項圈會很有壓力，因此記得要觀察狗狗戴上後的模樣。

明顯的淚痕令人在意

淚痕是一種俗稱，即所謂的淚溢症或鼻淚管阻塞，眼頭的毛因為淚水的成分而轉變為紅褐色的狀態。起因是淚管過細、眼淚易阻塞、過敏、睫毛倒插等等。好發於北京犬、馬爾濟斯犬、玩具貴賓犬等，也有些狗狗是天生如此。

據說過量攝取高熱量、高蛋白質的食物，也會引發淚管阻塞。此外亦有案例是因罹患乾眼症，眼淚無法正常擴散才形成淚痕。將食物加水泡軟或製作手工餐點，藉此增加水分攝取量後，就會有所改善。

要消除已經變色的淚痕，可以用硼酸水清洗眼睛。另外，用棉片沾取硼酸水，擦拭掉眼睛周遭的污垢，防止病菌繁殖也是一種方法。蘇打粉（碳酸氫鈉）也有消除淚痕的效果。

若前往醫院可投以抗生素，或清洗鼻淚管。市面上售有相關的保健品，以及具優異滲透力和清洗作用的清潔液及濕紙巾。在洗毛結束時，將眼睛周圍確實弄乾、擦拭乾淨，就可以逐漸改善。

有些狗狗戴著伊麗莎白項圈，也完全不會在意。

當狗狗的瀏海過長時，幫狗狗綁起來眼睛會比較舒服。

耳朵好像有異味

耳朵臭臭，
狗狗自己最痛苦。

甩頭是耳炎的徵兆

當狗狗耳朵的氣味變得比平時強烈時，就要懷疑是不是耳內發炎。狗狗感覺到不對勁和搔癢，就會大幅甩頭，或是在地板、牆壁上磨蹭耳朵。從這些舉動就可以察覺到耳炎。過度甩動頭部的話，會使微血管破裂，可能引發耳朵軟骨和皮膚間積血的耳血腫。此外，狗狗也可能因腫瘤和息肉等物體而一直在意耳朵，這種時候就要透過外科手術去除異物。

狗狗容易罹患外耳炎

如果發現狗狗耳朵有惡臭、很介意耳朵、會去搔抓等情形，就要懷疑是外耳炎，即耳朵入口至耳膜之間的外耳道發炎了。當外耳的細菌等常在菌、黴菌等真菌增生時，就會引發狗狗極為常見的外耳炎。也可能是掏耳朵時受傷、洗毛或玩水時有水進入耳朵導致發炎。

由常在菌的馬拉色菌所引發的外耳炎，特徵是會產生黑褐色具黏性、臭味的耳垢。垂耳的美國可卡犬、耳道毛量偏多的西施犬和玩具貴賓犬，罹患外耳炎的機率都很高。

若患有脂漏性皮膚炎、犬異位性皮膚炎，也要懷疑可能有外耳炎。

因感染耳疥蟲所引發的炎症，稱為耳疥蟲症。約0.3～0.5㎜的耳疥蟲會大量增生，以外耳道的耳垢為食，或侵入耳道的表皮。由於伴隨著強烈的搔癢感，狗狗會一直甩頭，並會跑出大量乾燥的黑色耳垢。定睛觀察後，可以看到其中有白色物體在動。這種耳垢含有大量的卵，因此感染力很強，必須花數週的時間治療。

赴醫院治療時會清洗耳朵，開立點耳藥處方。用棉花棒等工具清理耳朵會有弄傷耳道之虞，請交由專家執行。

「這種抖來抖去，不是因為耳朵癢喔！」

近期嚴重掉毛

有些時期比較會掉毛。

好的掉毛和壞的掉毛

狗狗掉毛分成生理性掉毛和疾病性掉毛。雙層毛的犬種，冬毛會在春天時脫落，重新長出夏天用的毛；夏天用的毛則會在秋季時脫落，重新長出冬天用的毛。這是本來就會發生的掉毛。另一方面，因感染真菌、蟎類等寄生蟲所引發的皮膚炎（第133頁），同樣會引發掉毛。

狗狗會輪流長出夏毛和冬毛。

何謂疾病性掉毛？

不同於皮膚炎，這是因內分泌性疾病所引發的掉毛。

腎上腺皮質功能亢進症（庫欣氏症候群）：因稱為皮質醇的荷爾蒙過度分泌所引起。毛會變細，但完全不會癢。除了掉毛以外，亦會出現皮膚發黑、多喝多尿、食慾異常增加等情況。有10%的機率會併發糖尿病。一般認為是狗狗高齡後容易罹患的疾病。好發犬種包括貴賓犬、臘腸犬、約克夏㹴犬等㹴犬。

X禿毛症（Alopecia X）：別稱博美禿毛症，是好發於博美犬的禿毛症。不會發癢，在頭部和腳尖以外，可以看到左右對稱的掉毛現象。使用抑制性荷爾蒙分泌的藥物，有些狗狗可以重新長出毛，但大多會畢生都處於禿毛狀態，因此必須穿衣服來保護皮膚。如果從1歲齡的時期開始，肩膀和屁股的毛就變稀疏、變短的話，就要去醫院接受診察。

壓力引發的禿毛症

狗狗若是感覺到壓力，可能會舔舐或啃咬身體。若出現濕潤的圓形掉毛部位，說不定是狗狗的壓力性禿毛症。包括環境變化、與同居動物合不來、缺乏交流等，有沒有符合的事項呢？試著回顧一下跟狗狗相處的方式吧。

皮膚變紅

有些皮膚炎無法根治，
但仍需致力於緩和、改善。

狗狗會有的皮膚炎類型

若皮膚發炎變紅或起疹子，出現這些症狀的話，就要懷疑是皮膚炎。除了皮膚的基本結構受到破壞、障壁功能變差導致皮膚發紅之外，經常還會伴隨著掉毛和搔癢的症狀，若看到狗狗頻繁地搔抓、舔舐，就能察覺到徵兆。

狗狗有很多種皮膚病，尤其若是在體質上皮膚較為脆弱，或是帶有過敏體質，就很容易引發皮膚炎，其中也有一些案例難以根治。

將皮膚炎拒於門外

有一些皮膚炎，可以透過生活習慣來預防、改善。

①改善飲食，增進免疫力。選擇優質的動物性蛋白質或植物性蛋白質。

②抗菌洗毛精可減少細菌增生；溶解角質型的洗毛精可減少皮屑和皮脂；保濕型洗毛精可以保濕；止癢型洗毛精可減緩搔癢感……有各種方法可供選擇，可以先請教專家後再挑選。藥浴以每週最多1～2次為佳。

③用保健品補充Omega-3脂肪酸、魚油、亞麻籽油、胺基酸、維生素、礦物質等。

過敏引發的皮膚炎

若是對食物、家中塵埃、花粉等過敏，可能會以皮膚炎的形式顯現。

犬異位性皮膚炎：因對過敏原（引發過敏的物質）產生過度的免疫反應而發病，耳朵和臉、指縫、腋下、腹部等處會發癢。舔舐或搔抓後，皮膚會變紅或導致黑色素沉澱。代表性的過敏原包括蟎、食物中的蛋白質等。會不會發病與遺傳因素有關，體質上來說常見於柴犬、法國鬥牛犬等。難以根治，但若能找出過敏原，只要避開過敏原即可抑制發病。

食物過敏：雖說狀況不若異位性皮膚炎嚴重，但是對特定的食物會有過敏反應，皮膚會發紅、搔癢。同樣只要找出過敏原就能避開。

跳蚤過敏性皮膚炎：這種皮膚炎的過敏原是跳蚤的唾液，從後頸、背部到腰部、尾巴至肛門周圍會掉毛及長紅疹，奇癢無比。在透過外用或內服藥品止癢的同時，若是能讓醫生開立除蚤藥的處方，會更容易解決。

細菌引發的皮膚炎

有些常在菌亦是皮膚炎的起因。在狗狗的免疫力不佳等時刻就會發病。

◎ **淺層膿皮症**：這種皮膚炎是由狗狗皮膚等處常在的葡萄球菌所引起，葡萄球菌會在毛細孔中增生，導致起紅疹，並伴隨搔癢、掉皮屑等症狀。一般認為患有內科疾病的狗狗比較容易發病，另外因犬異位性皮膚炎等搔抓皮膚，抓破的部分也很容易發生感染。在高溫潮濕的季節常在菌會增加，要多多注意。

◎ **馬拉色菌皮膚炎**：馬拉色菌（Malassezia）是常在菌中的一種真菌（黴菌），會在皮膚表面增生，導致發紅、搔癢等症狀。這種菌喜愛油脂，因此脂漏體質的狗狗較容易發生此種皮膚炎。

上述的症狀皆可以透過止癢藥物治療，並用抗菌洗毛精或外用藥物來抑制真菌繁殖，但特徵是容易復發。

寄生蟲引發的皮膚炎

遭蟎類等寄生蟲叮咬所引發的皮膚炎。

◎ **犬疥癬蟲症**：這是由犬穿孔疥癬蟲叮咬所引起的皮膚炎，腹部會出現紅色的顆粒，伴隨皮屑和暫時性的強烈發癢。用驅蟲藥可以殺死疥癬蟲，但疥癬蟲也會移動到其他動物身上，若是飼養多隻狗狗，還是替所有的狗狗都驅蟲會比較保險。

◎ **毛囊蟲症**：遭毛囊蟲（犬蠕形蟎）叮咬所引發的皮膚炎，一般認為狗狗的毛細孔中本來就有毛囊蟲常存。當毛囊蟲增生後，就會使毛細孔發炎、長出紅色的顆粒、掉毛。毛囊蟲有極大的可能是從狗媽媽身上獲得，在成犬之間不會傳播。幼犬發病可能會自然痊癒，但很容易復發，這種時候就要用除蟲藥搭配內服藥予以治療。

長了腫塊

上了年紀更容易發生。
有可能是惡性腫瘤，要多留意。

狗狗經常長腫塊

狗狗這種生物除了皮膚炎、濕疹之外，也經常長出腫塊。若在狗狗體表發現腫塊，就要判斷那是受傷、皮膚病或者是腫瘤。如果是腫瘤，就必須判斷是良性或惡性。除了疣狀的腫塊以外，亦可能以腫脹或硬塊的形式出現。

濕疹或痘痘般的小顆粒、瘡痂，首先應推斷為皮膚炎。這可能是因為跳蚤或蟎寄生、過敏引發的症狀，或是感染膿皮症等所導致的炎症。膿液積累而腫脹的膿瘍，同樣是細菌感染所導致的炎症。另外隨著進入高齡期，狗狗的體表各處會長出約1～2mm的疣。這些疣若是皮脂腺瘤、皮膚乳突瘤等等，就沒有關係。

長於皮膚的良性腫塊

狗狗皮膚常見的腫塊，分成表皮腫塊和皮下腫塊。

- **表皮囊腫**：皮膚下方長出袋狀的囊腫，是由皮脂、老廢角質積累而成的良性腫塊。好發於高齡的狗狗。放著不管會漸漸變大，也有可能會破裂，因此超過1cm就要前往醫院。
- **脂肪瘤**：脂肪細胞增生後形成的硬塊（脂肪的團塊），屬於良性腫瘤。好發於高齡的狗狗，母狗發生的機率較高。全身各處都會長。
- **組織細胞瘤**：圓圓脹起的良性腫瘤。好發於年輕的狗狗。大部分都會自然消失，但若長得太大，也可能需要切除。
- **毛髮囊瘤**：皮膚會長出堅硬的瘤狀物體，少數會引發炎症。

必須注意的腫塊

當硬塊長到0.5cm以上，就有可能是腫瘤。腫瘤可能是惡性可能是良性，但就算是良性，有些腫瘤變大後可能會破裂，或是對生活造成障礙，更有些會病變成癌症，因此最好能早期發現。乳腺是狗狗腫瘤最常見的位置。此外在體表、口腔內、肛門周圍、耳道等處，也都可能發現腫瘤。

乳腺腫瘤是乳腺長出硬塊，良性、惡性參半。長在體表的脂肪細胞瘤、鱗狀上皮細胞癌、腺癌等為惡性（第152頁）。在口腔內，則可能發生惡性黑色素瘤、鱗狀上皮細胞癌、良性齒齦瘤等腫瘤。

為求早期發現

透過日常的身體碰觸、梳毛，飼主能夠輕易發現狗狗身上的腫塊。長毛品種很難透過目視發現，因此經常碰觸狗狗相當重要。許多腫瘤好發於高齡犬，所以尤應留意，即使發現小小的東西，也應該讓狗狗接受診察。另外，各犬種會有各自較容易罹患的腫瘤。腫瘤亦可能在健檢的血液檢查、X光檢查、超音波檢查中發現。

若是腫塊長在前腳等狗狗容易注意到的位置，狗狗可能會因為在意而去舔舐、搔抓、啃咬，若血液或組織液流個不停，可能引發進一步惡化，因此有時必須配戴伊麗莎白項圈。

長出腫塊的處置方式

飼主很難判斷腫塊的類別，因此首先應該前往醫院。醫師會用細針抽取或部分切除的方式取出內部組織做病理檢查，來診斷腫瘤是良性或惡性。即使是良性，為了避免轉為惡性，還是切除的成效比較好。

治療惡性腫瘤的方式，包括動外科手術摘除腫瘤、放射治療、抗癌藥。該在何處接受何種治療，最好要尋求第二意見後，再找出自己能夠接受的方式。

腫瘤的切除手術，用半導體或二氧化碳進行雷射治療，或者是雷射局部凝固療法等，較為有效且安全。無法摘除的腫瘤，也有針對局部施行溫熱療法等選項。

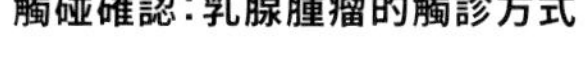

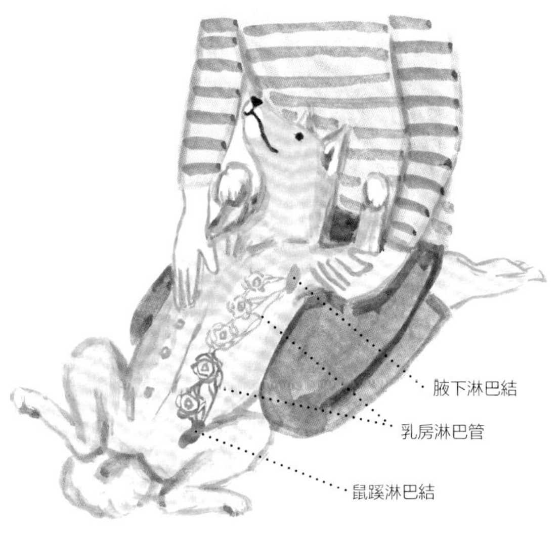

狗狗具備4～6對（大多為5對）乳頭和乳腺，周邊分布著複雜的乳房淋巴管。從靠頭側算起的3對（第1～3乳腺），以及從靠尾側算起的2對（第4～5乳腺），分別由不同的淋巴結管理。請按下列方式觸診乳腺：

①讓狗狗仰躺，用雙膝夾住固定。

②以輕捏的方式按摩乳頭周圍（乳房淋巴管的區塊會有乳腺）。

③接著，一路從胳肢窩內（腋下淋巴結）確認至腿的根部（鼠蹊淋巴結）。

④若感覺皮下有硬塊或不對勁，就要接受診察。最好在0.5～2.0㎝內的大小時就要發現。

嘴巴似乎臭臭的

口腔問題要多留意疾病的徵兆，能事先預防才是最上策。包括難以進食、嘴巴發臭、流口水、搔抓嘴角、牙齦出血、牙齒搖晃、有牙垢或牙結石等症狀，都可幫助察覺異樣。

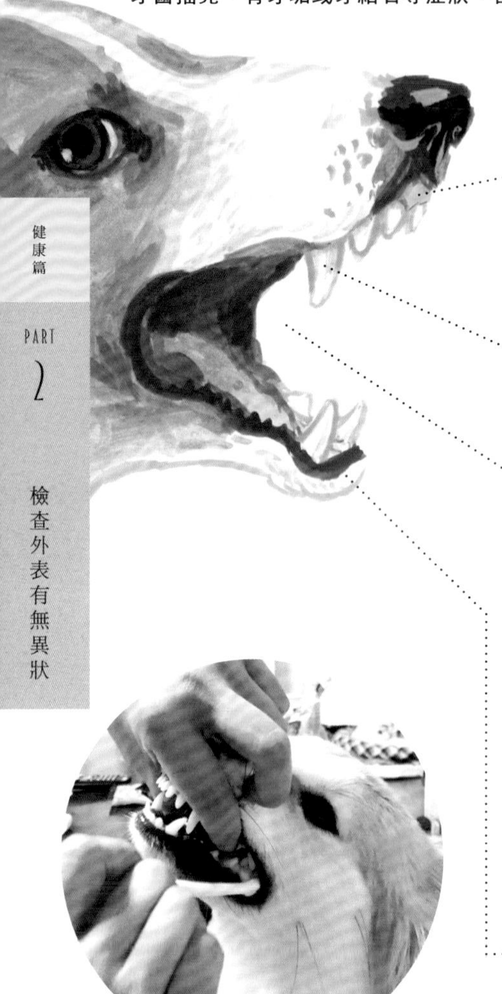

刷牙必須使用狗用牙膏和牙刷。有好好刷到後側牙齒便足夠了。

口腔內的檢查項目

①黏膜是否為漂亮的粉紅色？

觀察嘴唇周圍的黏膜色澤。健康時是粉紅色，偏白為貧血，偏黃則需懷疑是黃疸。口腔內也可能長腫瘤。

②牙齦是否有腫脹、牙齒有沒有鬆動？

觀察牙齦、牙齒、舌頭，是否有出血、腫脹、牙齦萎縮、牙垢積累、牙齒鬆動或缺牙。健康的牙齒是白色的，如有出血、腫脹即有牙周病的疑慮。牙齦萎縮是因為附著牙垢和牙結石。牙齒鬆動或缺牙，如果是出生後4～7月齡的幼犬，則換齒是正常狀況；如果是成犬則要懷疑是齒槽膿漏。

③有沒有強烈的口臭？

打開狗狗的嘴巴，聞聞看是否有異樣的臭味。如果有強烈口臭，就要懷疑是牙周病、口內炎、內臟疾病。

④會不會一直流口水？

狗狗是否異常地一直流口水？除口腔內部異常外，也應懷疑是否是中毒、吞嚥困難、中暑、癲癇、齒齦瘤。也可能是牙齒即將脫落、卡住異物等原因。

狗狗經常罹患牙周病

據說年過3歲的狗狗，有8成皆患有牙周病。牙垢是細菌的集合體，結合了唾液中的鈣等物質後，鈣化成為牙結石。如果置之不理，牙齦發炎會變成牙齦炎，惡化後則會變成牙周病。從牙齦炎到輕度的牙周病，牙齦會發紅腫脹，刷牙時會看到出血，在這個階段若能每天正確刷牙，仍有改善的可能。

若演變成牙結石幾乎覆滿牙齒、有強烈口臭、出現牙齦萎縮等情形，就要去醫院接受診察。在醫院可以透過牙結石清除術來去除牙結石。治療後狗狗解除了壓力，食慾就會增加，變得更為穩定。

若是牙周病繼續惡化，支撐著牙齒的骨頭溶解，最後就會掉牙。此外，在發展到這個階段之前，體內就已經吸收了相當大量的細菌群，因此對心臟、腎臟、肝臟等臟器也會造成影響。

預防牙周病

最好的預防方式，就是每天都要正確刷牙。為了預防牙周病，除了刷洗牙齒本體之外，保持牙周囊袋的清潔也是關鍵。亦可以定期赴醫院清潔洗牙。近來雖然有些保健品含有可弱化牙周病菌的蛋黃粉（Glovigen PG）成分，但沒有任何方式可以勝過刷牙。

讓狗狗習慣刷牙的步驟

①嘴巴碰觸練習

許多狗狗不喜歡被碰到嘴巴一帶。從剛開始養的時期起，就要利用食物、零食，讓狗狗習慣嘴巴被碰觸。

②牙齒碰觸練習

用手沾起司或優格讓狗狗舔舐，一邊將手指放入狗狗口中。等狗狗習慣之後逐步升級，先碰觸前齒（門牙、犬齒），再慢慢往後碰到臼齒。可以辦到之後就再次升級，改用牙膏取代起司和優格。

③牙刷刷牙練習

先將牙膏擠在牙刷上，讓狗狗舔舐。在舔的過程中，用牙刷碰觸牙齒。接著增加碰觸牙齒的範圍，讓狗狗學會刷牙這件事。牙垢、牙結石容易附著在前臼齒和後臼齒上，因此要重點刷洗。牙齦和牙齒間的接縫處（牙周囊袋）也要清理乾淨。

※「辦到就稱讚」是一切的共通原則。也可以運用獎勵品。如果狗狗不喜歡，就不要勉強，可以回到前一個階段，或者是明天再挑戰。目標是在出生半年內能順利刷牙。

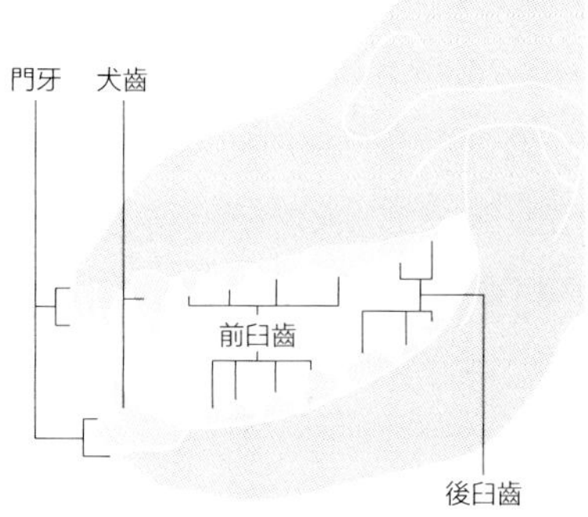

健康篇

PART 3

觀察狗狗的行為舉止

包括狗等各種動物，
都會出於本能，
刻意掩飾身體的不適。
因此有可能
難以察覺變化。

瞭解正常就能察覺異常

腹瀉、血尿等等的情況或許無法掩飾，但當狗狗企圖掩飾身體狀況不佳和疾病，卻仍然顯現在行為上時，就代表狀況已經相當嚴重了。另一種可能則是，狗狗會忍痛、表現得像平常一樣，導致疾病在未能察覺的情況下惡化。這樣一來，要替狗狗把關疾病，將會非常困難。不過若是能掌握「愛犬的正常狀態」，就能在觸碰時察覺到異樣感等微小的變化。

今天不想去散步

散步明明是狗狗每天最期待的事情耶。
是不是哪裡不舒服了呢？

狗狗的狀態跟平時不一樣

狗狗竟然想放棄最愛的散步……是不是哪裡在痛呢？是精神不好嗎？還是一時任性呢？

當愛犬的狀態異於平時，有可能是身體出狀況了。除了散步之外，沒有食慾、一直睡覺、莫名呻吟或反而過分撒嬌等，不放過狗狗顯現出的任何變化，是發覺狗狗不適的重要關鍵。雖然會很擔心，但只要不是生病，其實狗狗想怎樣都沒問題啦！

也有一些日子是：
「今天想像這樣子待在家。」

瞭解愛犬的正常狀態

將愛犬的健康資訊統一記錄在筆記本等處會比較方便。統整每天的紀錄，即可知悉愛犬的「正常狀態」。在發生突發狀況時，日常的健康資訊將會幫上大忙。另外，利用照片、影片做紀錄也很方便。

筆記本中要註明記錄的日期，以及當天狀態的檢查結果。要確認飲食、體重、精神、食慾、散步情況、排泄物的狀態。體表確認部分，則要觸碰檢查身體是否過熱，有沒有鼻水、眼屎，毛髮的光澤、皮膚表面是否有皮屑或搔癢，牙齦顏色是否有變，是否有口臭或牙結石，耳朵是否有髒污或臭味等等。

像這樣累積數據之後，不僅更容易確認每天的變化，若需要回顧過往，比如找出體重開始增減的時間點、與餐點和排泄物是否有關係等等，都會一清二楚，在診斷時將派上用場。

走路方式、行為、咳嗽、作嘔、痙攣等情況，若能夠拍攝影片，也更方便對獸醫說明

腳痛難以行走

年紀到了膝蓋就會痛呢。

容易發生的受傷情形

腳痛所能推論的傷勢，包括骨折、撞傷、脫臼、外傷等原因。玩具貴賓犬或義大利靈緹犬等細腳的犬種容易骨折，因此要留意躍下等所引發的意外。可以藉由腳部變形、腫脹、走路似乎會痛或無法走路等步行的異常情況，來發現狗狗的傷勢。

無論狗狗的體型大小，躍下時所造成的衝擊等都可能導致脫臼。在疼痛痊癒後，也可能維持著脫臼狀態過日子，因此飼主要盡早察覺。

老化會引起關節炎

狗狗也跟人類一樣，會因軟骨老化等引發關節炎。當軟骨的緩衝性減少，骨頭跟骨頭之間摩擦，就會引發疼痛。跡象包括怪異的行走方式、不想走路等等。軟骨無法再生，因此關節炎很難完全治好，但若是還能動的話，就要盡可能持續運動，維持住肌力。肥胖會對關節造成負擔，因此也有可能在年輕時就發病。

某些犬種容易引發腳部疼痛

玩具貴賓犬、吉娃娃等小型犬，經常會有膝蓋骨脫臼的情況。膝蓋骨往內側錯位，膝蓋就會漸漸無法伸直。

獵犬類、德國牧羊犬等大型犬，經常會發現髖關節發育不全的問題。在出生後1歲之前經常發病，會出現後腳狀態異常、扭著腰走路、側坐等情況。

若是在年輕時發生上述任何一種情形，最重要的是不可以限制狗狗運動，要讓腰與腳充分成長。如果狀況惡化，也可以透過外科方式處理。

「我右手骨折了啦。
好想快點到處跑跳哦。」

會咳嗽

狗狗有時會隱瞞重大疾病。

咳嗽

若是因興奮、空氣污染等因素而嗆到的那種程度，倒是不需要太擔心，但之中或許藏有呼吸道疾病或其他疾病的可能。呼吸器官出問題，亦可能出現呼吸急促、呼吸時貌似很痛苦等情形。若飼主能事先瞭解正常時的呼吸狀況，就能盡早發現異常。狗狗的呼吸頻率通常為每分鐘20～30次。在愛犬安靜不動時，數數看呼吸的次數吧。約莫每週確認1次就能放心了。

若嚴重應前往醫院

若是長期持續輕微地咳嗽，或者用力咳個不停，有可能會發展成重症，因此要到醫院接受診察。狗狗在看診現場無法說咳就咳，因此若事先拍下咳嗽當下的影片，在診斷時就能幫上大忙。由咳嗽可推斷的疾病，包括下列幾種。

- **氣管塌陷**：氣管變形導致出現鵝叫般的特殊咳聲。變嚴重後會氣喘吁吁、呼吸困難
- **犬舍咳（犬傳染性支氣管炎）**：因病毒、真菌感染（感染性），或吸入塵埃、花粉等（過敏性）所引發的支氣管炎。發作時會出現乾性短咳。幼犬和高齡犬可能會發展成重症。
- **二尖瓣閉鎖不全**：這是狗狗最常見的心臟疾病，會出現彷彿喉嚨卡著東西的咳嗽、嗆到似的咳嗽。此病好發於高齡的小型犬。
- **心臟肥大**：氣管受到心臟壓迫，持續乾咳。
- **犬瘟熱**：會出現流鼻水、咳嗽、打噴嚏等呼吸道症狀，以及痙攣等神經症狀。
- **肺炎**：因細菌或病毒感染，或是過敏等因素導致發病。會咳嗽、發燒、呼吸困難。
- **犬心絲蟲病**：由犬心絲蟲引發的感染症。會出現鳴笛般的咳嗽聲、呼吸時看起來非常痛苦。

先在狗狗安靜時計算呼吸次數，異常時就能拿來對照。

打噴嚏流鼻水……感冒了嗎？

狗狗會連餐點的味道都無法分辨，
必須盡早接受治療。

狗狗鼻子不舒服，是非常嚴重的事

打噴嚏、流鼻水等反應，是為了將附著於鼻子和氣管上的病毒、塵埃等異物排出體外。狗狗鼻子的疾病，即是異物進入而導致炎症等症狀。鼻子對狗狗來說是相當重要的器官，鼻子生病會對生活造成障礙，引發食慾不振、沒有精神等問題。

狗狗不會感冒！?

狗狗不像人類一樣會冷到流鼻水。若有打噴嚏、流鼻水，就要推測可能是下列疾病。

「我呼吸時鼻子一直有聲音，
這是不是感冒啦？」

鼻炎：細菌或塵埃跑進鼻腔，引發黏膜發炎。如果發展成重症，會出現具黏性的鼻水。若是細菌感染，會並用抗生素和消炎藥；若是過敏因素，則投以抗過敏藥。平常提升免疫力也很重要。

鼻竇炎：鼻炎發展成慢性，變成容易積膿的狀態。有時是因牙周病、鼻腔內腫瘤所致。除了鼻炎的症狀之外，也會呼吸痛苦。必須視起因投以抗生素，若是由牙周病引發，則必須治療牙周病。

鼻道狹窄：因鼻腔的形狀所引起，這是巴哥犬、法國鬥牛犬等短吻品種好發的疾病。會用嘴巴呼吸，喉嚨也容易發炎。若狀況並未太嚴重，可以採取非侵入性治療。要留意體溫調節，小心避免變肥胖。

逆打噴嚏症候群：症狀是會激烈地吸氣，又稱作猛烈吸入鼻腔症狀。常見於小型犬和短吻品種，興奮時也會發生。這不是疾病，請觀察狗狗的情形。狀況會因狗狗而異，但有時候替狗狗搓揉胸口或鼻梁、哈氣等，症狀就會平息，找出合適的方法即可。

大出奇怪的便便

排泄物是健康狀態的指標喔。

排泄物是資訊的寶庫

檢查排泄物可以獲得許多資訊。尿液要看色調和排泄狀況，糞便則是看軟硬度和色調。兩者都要觀察次數等。若有異於平時、感覺不太對勁的排泄物，代表狗狗的身體可能已經有異常。

異於常態的糞便

糞便的異常，包括腹瀉、便祕、血便等情況。糞便的狀態會受到飲食和環境等因素大幅影響，消除壓力、提供高消化吸收率的頂級寵物食品，就能產出健康的糞便。穀物過多的餐點會使糞便的量增加，有可能沒有攝取到充足的營養。

腹瀉：起因包括腸道菌失衡，消化道內有寄生蟲疾病、病毒感染、腸炎等。若是因為消化不良所引起，可能是吃太多、喝太多、食物不合、壓力等原因。若伴隨發燒或嘔吐，則可能是消化器官的疾病。

・小腸性腹瀉：單次的排便量多，為黑色焦油狀的血便、水便。

・大腸性腹瀉：次數變多，會同時排出黏液。經常是軟便。

・壓力引發的神經性腹瀉：大多是短暫性。

・細菌感染、病毒感染導致腹瀉：有時會變成血便，伴有脫水、發燒的症狀。

發生腹瀉時，要暫時停止吃飯，並確實供水以免發生脫水，觀察狗狗的狀態。如果停止進食仍未改善，持續腹瀉達2～3天，就要去醫院接受診察。

便祕：如果4天都未排便，就要懷疑是便祕。腸內細菌的環境不佳、神經性便祕，或者是水分和膳食纖維過少的餐點，都會使糞便變硬。確實攝取水分，改成富含膳食纖維的餐點，就能讓狀況有所改善。

血便：因腸炎或肛門周圍有狀況而導致。血便的顏色會依出血位置而有所變化，發現後要多加觀察，拍下照片以便診療時做參考。

・糞便中混有血液的血便：應是大腸出血。

・整條糞便偏黑的血便：應為口腔、胃、十二指腸、小腸出血，也可能是有犬鉤蟲寄生，或吃下肉類較多的餐點而變黑。

・糞便表面附有潛血的血便：應是大腸至肛門附近出血。

・紅色腹瀉：應為食物過敏或細菌性腸炎。

混有異物：應是吃下不適合的食物，或難以消化、不可食用的東西。另外，也可能是腸道環境狀況不佳。

營造良好的腸道環境

營造良好的腸道環境，就能維持健康。狗狗跟人一樣，腸道裡頭有好菌、壞菌、中性菌等3個菌群，若能維持均衡，就是良好狀態。若有壓力或生活習慣紊亂，腸道環境也會變差。

當壞菌占了上風，可能會產生有害的氨等，增加生病的風險。以乳酸菌為代表的好菌，有著抑制壞菌、活化腸道運作、維持免疫力、控制血糖等正面效用。若是持續出現原因不明的便祕和腹瀉，就是腸道環境失衡的警訊。

此時要重新審視狗狗的飲食生活和生活環境，增加好菌，營造良好的腸道環境。可攝取屬於高發酵性膳食纖維的穀物、地瓜、寡糖、菇類、水果。乳製品包括優格、羊奶、乳酸菌保健品，都能有效增加狗狗腸內的乳酸菌。

尿尿時不太對勁

若顏色或氣味異於平時，就要注意。

觀察尿液的狀態

從每天都能看見的尿液，也可以得知狗狗的健康狀態。尿液是由腎臟生成，從尿管輸送到膀胱累積，再由尿道開口部分排出體外。尿液異常，有可能是這個路徑出了問題。以下列出可透過外觀或氣味確認的事項。

- **深黃色**：水分不足而被濃縮的尿，應認為是脫水症狀。尤其冬天時飲水量會減少，要多注意。
- **紅色或深褐色**：這是混入血液導致的顏色變化，應為泌尿道疾病。有可能是膀胱、尿道發生細菌感染所導致的膀胱炎等。
- **顏色很淡**：若是飲水量很多，就要懷疑是慢性腎功能障礙、糖尿病（第150頁）、庫欣氏症候群（第131頁）等，必須赴醫院檢查。
- **閃亮亮**：若有粗糙閃亮的物體，那就是尿液中的磷酸銨鎂或草酸鈣等結晶。尿液的酸鹼值變化會形成結晶，置之不理將演變成尿路結石，導致排尿困難。若是膀胱形成結石的尿路結石症狀，便相當危險。
- **味道難聞**：應是膀胱炎等泌尿道發炎導致。
- **混濁**：母狗的子宮或陰道發炎、正值發情期間，亦可能因子宮蓄膿症的分泌物而混濁。膀胱炎也可能造成混濁。

如果在室內總是憋尿，只會在戶外排泄，狗狗很容易會罹患膀胱炎，因此必須讓狗狗在室內也能排泄。

若出現血尿

血尿在室外難以察覺，但如果是在室內，就能靠尿墊染紅來發現。

- **膀胱炎**：母狗壓倒性較多，是細菌所引發的膀胱炎症。會因殘尿感而導致頻繁排尿。投以抗生素大多能治癒。
- **尿路結石症**：泌尿道生成結晶或結石的疾病，結石會傷害尿道和輸尿管的管壁，造成強烈痛楚。起因是礦物質和蛋白質凝固，因此應該改變飲食生活，大量攝取水分。
- **前列腺炎**：公狗可見的疾病，原因是膀胱或尿道的細菌感染，會導致難以排尿、出現血尿。應該投以抗生素來進行治療。
- **膀胱腫瘤**：膀胱最常見的腫瘤是移行上皮癌，症狀類似膀胱炎和結石，因此要透過超音波等方式診斷。

好不容易吃下去，卻又吐了出來

狗狗比人類更常吐。

有些「嘔吐」不是壞現象

狗狗的嘔吐，分成吐了也沒問題以及有問題的情形。所謂吐了也沒問題，諸如空腹、吃太多，抑或是焦慮、暈車等生理現象所引發的嘔吐。除此之外的情形，就可能是誤吞東西或生病狀態。狗狗因病嘔吐，屬於無法隱藏的身體反應。

吐的類型

人的食道是由平滑肌所組成，相對於此，狗狗的食道則由橫紋肌所組成，因此狗狗的身體可輕易將東西吐出。是以狗狗比人類還要常吐，類型包括吐出、嘔吐、吞嚥困難這3種。

- **吐出**：在抵達胃之前就將未消化物吐出，毫無預警地突然發生。
- **嘔吐**：胃的內容物伴隨著腹壁收縮往外吐，因此是在已經稍微消化的狀態下吐出來。此外還會看見胃液和膽汁。
- **吞嚥困難**：將無法吞下的食物吐出。

從吐法判斷不適的類型

嘔吐持續不止、會腹痛、伴隨著腹瀉的嘔吐，都是出了問題。此時就算喝水也會吐，因此要減少喝水。大型犬在餐後運動所引發的胃扭轉尤其恐怖，會導致腹部脹大、吐個不停，必須施以緊急外科處理。

- **吐的時候很痛苦，想吐但是又吐不太出來**：或許是誤吞物品等，胃部出現了問題。
- **食物吞不下去而吐出來**：應是食道、喉嚨附近有異常。
- **伴隨血便和腹瀉**：應是犬小病毒感染症（第122頁）、腸胃炎等。
- **伴隨痙攣和抖動**：應為中毒症狀。幼犬在極少情況下會吐出蛔蟲。應立即前往醫院除蟲。

若能保管好嘔吐物，或帶著照片前往，診察時都會派上用場。

無法順利站起

除了骨頭、肌肉不適，
也可能是腦神經所引發的疾病。

可能的疾病包括？

當狗狗看起來很難站起、難以行走時，首先該推測是與肌肉、骨骼相關的疾病。若是髖關節發育不全、膝蓋骨脫臼（第121頁），就要在牆壁和家具安裝防護設備，讓狗狗在跌倒或碰撞時不致受傷；木地板等易滑的地面材質，則要鋪上地毯或地墊來因應。

腦部、神經相關的疾病，諸如下列幾項。

- **椎間盤突出**：此病是因脊椎骨之間的緩衝墊「椎間盤」移位後壓迫到脊髓，使腳部或腰部癱瘓，造成排泄、步行困難。可進行消炎治療或外科治療，也可做針灸治療。
- **變形性脊椎症**：在13椎胸椎、7椎腰椎之間，有某處椎間盤破裂，導致骨頭彼此摩擦、沾黏的疾病。最終會導致疼痛，無法搖尾巴。若置之不理，可能會演變成椎間盤突出。
- **前庭功能損傷**：內耳中司掌平衡感的器官「前庭」產生損傷，可見於高齡犬。此病會使狗狗突然歪著頭、眼黑持續出現稱為「眼振」的旋轉動作、身體往單方向旋轉、無法站立。記得要支撐著狗狗，以免去碰撞到頭部。此時很難進食，因此食慾會暫時變差，但終會慢慢恢復。
- **腦腫瘤、脊髓腫瘤**：腦腫瘤、脊髓腫瘤發病後，皆會出現歪傾、搖晃等行為變化。透過MRI檢查等深入檢查可發現腫瘤。脊髓腫瘤的症狀，跟椎間盤突出或關節炎疾病非常相似。
- **癲癇**：癲癇屬於遺傳性疾病，各個犬種皆可能發病，會反覆發作痙攣。癲癇的類型，包括會全身用力、跌倒、引起痙攣的強直性發作；單腳、半身抽搐的局部性發作；會朝上方空間啃咬的自動性發作；如同鞠躬般的無力性發作；出現如顫抖反應的肌抽躍性發作等。

癲癇發作之後馬上就能恢復，結束後又會如無事般回歸日常。如果3個月內發作超過1次，就要展開治療。繼續放著不管的話，將會縮短壽命。

癲癇的治療方式包括抗癲癇藥物治療、搭配中鏈脂肪酸的飲食療法、栓劑等；或是可以請醫生開立米達諾（Midazolam）的鼻噴劑，供突然發作時使用。必須視發作次數和血液中的藥劑濃度，持續改變投藥量。將癲癇發作的狀況拍成影片，也能在診察時派上用場。透過MRI也可獲得值得高度信賴的診斷結果。

狗用輪椅與義肢

即使狗狗因意外或疾病不幸失去四肢，透過狗用輪椅和義肢，仍有可能重新行走。一般狗用輪椅以兩輪為主流，但也有四輪款，以因應前腳、後腳都很無力的狀態。義肢是為補足殘肢形狀和功能所裝上的人工肢。

另外，市面上也售有為失明狗狗所開發的輕量化防撞圈等輔助用具。戴上之後，碰觸到障礙物的感覺將會傳向身體，使狗狗得以行走。這可幫助狗狗拓展日常的活動範圍、提升運動量，讓生活更豐富。

狗狗的輔具

狗用輪椅

若因後腳癱瘓等無法站立，穿戴狗用輪椅便有可能重新行走。材質是輕盈堅固的輕量化鋁合金。基本上可按犬種、體格量身訂製。也有購買後仍可調整尺寸的類型，不怕體型產生變化。狗用輪椅附有後腳提帶、脊椎保護衣，得以輕鬆地支撐身體。對狗狗來說穿戴狗用輪椅可能會有些不知所措，先試著租用類似的商品給狗狗嘗試，也是一個方法。此外，也有專為拖著腳走路的狗狗所設計的鞋子。

義肢

在日本是由動物義肢安裝師所製作。據說斷肢位置愈靠上方，要行走就愈困難；相反地剩下的腳愈長，就愈容易將力量傳至義肢。一開始先裝著義肢，並用輪椅來復健，也是一種運用方式。如果希望狗狗能夠靠自力站起，就得這樣復健。
曾有前腳被鯊魚咬碎的赤蠵龜，在安裝義肢後得以游泳；在泰國也有重達2噸的大象，配戴著義肢行走。

在泳池內做復健，對身體的負擔較低，可以鍛鍊肌肉。

是生活習慣太差了嗎？

因生活習慣而起的疾病，
統稱為「生活習慣病」喔。

狗狗的生活習慣病變多了！？

在人類社會中，許多人都很留意「生活習慣病」，但你是否知道，狗狗也有生活習慣病？狗狗的壽命已經比過往延長許多，從中高齡開始，狗狗罹患生活習慣病的比例正在不斷增加。狗狗的飲食生活雖然變豐富，但另一方面，卻盡是高熱量或高脂質、使用了不需要的添加物的食品，或因更常養在室內而運動不足、抱持著各式各樣的壓力……致病的要因都跟人類相同。

肥胖會招致糖尿病

狗狗的糖尿病案例日漸增加。會出現多喝多尿、無精打采、腹瀉或嘔吐、體重減少等症狀。發病後難以完全治癒，但需要改善飲食生活、改吃能降血糖的食物來應對。視情況可能必須在家中注射胰島素。若病情加重，併發其他疾病的風險也會提升。

在遺傳因素影響下易胖的犬種，似乎較容易罹患糖尿病。另外牙周病也是使狀況惡化的要因。預防方式包括用心維持適當的餐點量、運動、刷牙、營造沒有壓力的生活等。

罹患心臟病的機率會隨年紀增加

狗狗的心臟病，以二尖瓣閉鎖不全（第142頁）最為多見。年紀變大後更容易發生，若出現在散步途中突然停下、容易疲憊等情況，皆可以察覺這種病。心臟內會發生血液逆流和瓣膜閉鎖不全，因心輸出量過低導致心臟肥大，聽見心雜音、心率加速。左心房脹大會壓迫到部分氣管，導致狗狗開始咳嗽。接著肺部也會積血，引發肺水腫。先瞭解狗狗在家中平靜狀態下的心率，就能在早期階段發現病徵。

其他心臟疾病，還包括先天性心血

管畸形的開放性動脈導管、心室中隔缺損、心肌功能逐漸變差的擴張型心肌病變、寄生蟲感染所致的犬心絲蟲病等。

癌症應早期發現

據說10歲以上狗狗死因的第一名就是癌症。隨著動物醫療的進步，狗狗的癌症已較以往更容易發現，治療選項也更多元。

最重要的一點就跟人類一樣，在於早期發現、早期治療。若能在腫瘤還小的時候就發現，透過外科手術、放射線治療、抗癌藥等，就能提高生存機率。為求早期發現，超過7歲之後定期健檢必不可少。每天都要透過觀察或接觸身體，確認是否有硬塊、體重和食慾是否有變等。

一般認為有許多癌症都是因含大量添加物的食物或壓力所引發，因此將餐點改成正確的食物、提升免疫力、充分攝取必要的營養素也很重要。

預防生活習慣病

生活習慣病的主要原因在於生活習慣不良，因此可以在日常生活中預防。能夠決定愛犬生活習慣的人，只有飼主而已。

- **避免過胖**：肥胖會導致高血壓，而且更容易發生心臟疾病、糖尿病、關節炎（第141頁）、呼吸道疾病、椎間盤突出（第148頁）等疾病，沒半點好處。應避免吃零食，也要小心別吃過量。
- **避免牙周病**：吞下的細菌會對心臟以及內臟器官產生影響。另外，牙周病有時也是口腔內腫瘤的起因。要養成刷牙習慣來預防。
- **避免運動不足**：運動不足會導致肥胖，亦是壓力的要因。運動可以預防肥胖，維持肌肉等身體功能，改善血液循環不良等身體不適的情形。
- **避免給予不必要的壓力**：當壓力導致免疫力變差，身體就更容易產生不適。要多加留心，讓狗狗開開心心、舒適地過活。

想預防生活習慣病，運動絕不可少。
這也會是飼主的一種運動。

需特別留意的疾病

請先瞭解狗狗可能罹患的可怕疾病。

◉ 惡性腫瘤（癌症）

乳腺腫瘤：乳腺腫瘤常見於10歲以上的母狗。會在乳腺部分長出硬塊或巨大團塊，良性、惡性各占50%。還小塊時，有較高可能屬於良性，變大之後就會轉為惡性，因此在還小塊時就要發現，執行部分切除或切除單邊乳腺。【症狀】乳腺硬塊可透過家中觸診輕鬆發現。【預防】一般推測發病應該與女性荷爾蒙有關，因此趁年輕時就要進行絕育手術。

惡性淋巴瘤：由血液中淋巴球所形成的腫瘤，下顎、肩膀前方、腋窩下方、膝蓋窩等處的淋巴結會出現腫脹，病情發展快速，發現時有可能已經轉移。投以抗癌藥物或是保健品，可期望延續性命。【症狀】據說多為多發性，在各處淋巴結都可找到硬塊。【預防】原因尚不明朗，正確用餐、避免累積壓力都很重要。

肥大細胞瘤：發生於皮膚、皮下的惡性腫瘤。有時候只要取出長在皮膚上的小型硬塊就會痊癒，但若是惡性程度過高，成長、發展快速，轉移到淋巴結或其他臟器後有可能致命。【症狀】大多是皮膚長出硬塊，也可能轉移至內臟。【預防】並無明確的預防方式，要致力於早期發現。

鱗狀上皮細胞癌：好發於口腔內黏膜（牙齦）或指甲根部處的惡性腫瘤。由於轉移性低，因此若早期發現，只要完整切除就可期待完全復原。【症狀】皮膚、指甲周圍或口腔內長出腫瘤，浸潤至組織。【預防】只要能夠早期發現後切除，即可延續生命長度。

不論是何種癌症，除硬塊之外還會伴隨著食慾不振、嘔吐、體重驟減等症狀。就算診斷出癌症也別悲觀，請想辦法提升免疫力以改善身體狀況，並維持好生活品質（QOL），讓狗狗的精神和食慾逐漸恢復。

◉ 感染症

因硬蜱感染發熱伴血小板減少綜合症（SFTS）：此感染症的媒介是帶有「發熱伴血小板減少綜合症病毒」的硬蜱。2013年日本國內首度出現狗傳人的報告，2016年則有認為被貓傳染而死亡的人類案例。推測也可能由野生鹿隻、浣熊傳染給貓狗，再以貓狗為媒介傳染給人類。【症狀】一般而言無症狀，亦可能出現發燒、食慾減退以及因血小板減少而有出血症狀。【預防】避免讓狗狗進入草叢。即使是人類也得穿著長袖長褲、戴著工具手套方可預防，所以光著腳的狗狗就更危險了。

狂犬病：第122頁已經有說明過了，

感染狂犬病發病後，人跟狗的致死率都是100%。日本國內已透過《狂犬病預防法》撲滅此病，但是其他國家由於狗狗登錄及疫苗接種率跌破50%，狂犬病依舊在蔓延，因此日本國內隨時再發生狂犬病都不奇怪。【症狀】食慾不振、癱瘓、興奮啃咬、兇暴化等異常行為。【預防】飼主有義務每年替狗狗接種一次狂犬病疫苗。

犬心絲蟲病：0.3㎜的微絲蟲遭中間宿主蚊子吸入，長成感染性仔蟲後，再度因蚊子吸血而進入狗狗體內。感染後心絲蟲會透過血流抵達肺動脈，長成25～38㎝的成蟲，棲居下來。此病最終會引發心臟衰竭及呼吸困難而致死。【症狀】初期僅是食慾不振、不停咳嗽的程度，但病情加重後則會出現體重減少、呼吸痛苦、腹水等症狀。【預防】一般會每月服用一次除蟲藥，也有擦在皮膚上的類型或注射藥。從蚊子開始出沒起1個月內，至蚊子消失後1個月內的期間，都要使用這些預防藥品。人類也會因蚊子叮咬傳播，而成為茲卡病毒感染症、登革熱等疾病的感染源，因此應認真防治蚊害。

◉ 其他疾病

壓力引起的疾病：過度的壓力會引發腹瀉、皮膚炎、焦慮行為、攻擊行為、暴食行為、固著行為等。起因可能是獨自看家或環境變化等形成壓力，使抵抗力變差。【預防】滿足「五大自由」（第42頁）是最大前提。

急性胰臟炎：胰臟分泌的消化酵素活化後，消化胰臟本身，引發炎症。演變成重症後將波及到其他臟器，亦可能致命。起因可能是高脂肪食物、自體免疫性、藥劑、遺傳性等。發病後很難完全治癒，必須限制進食。【症狀】突發性嘔吐、腹瀉，伴隨激烈腹痛。【預防】維持健康的飲食生活，是最重要的預防方式。

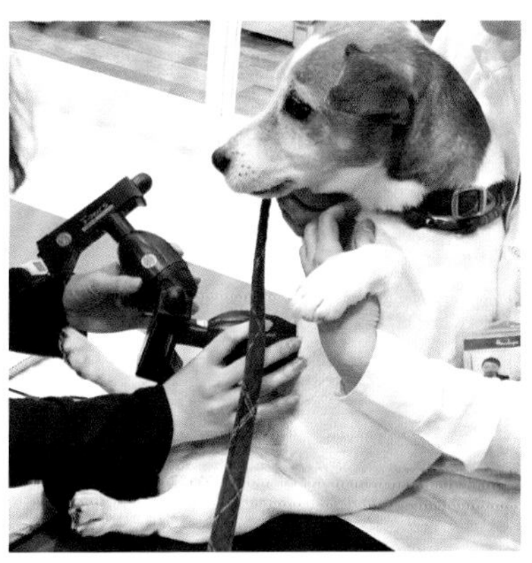

「你在看我的肚子裡面嗎？」
熟悉的醫生是可靠的存在。

PART 4

瞭解狗狗的心情

據說有愈來愈多狗狗
都因日常的壓力累積，
引發了憂鬱症、精神官能症。

消除狗狗的壓力

環境、跟家人的關係、餐點和散步，狗狗的壓力幾乎全都來自生活，而建構其生活的人，就是我們這些飼主。若愛犬的心靈狀態失衡，很遺憾，錯或許就出在我們身上。人的壓力來自於人際關係、工作、疾病等情事，要完全消除人的壓力並非易事；但狗狗的壓力，只要靠飼主努力，幾乎都能煙消雲散。

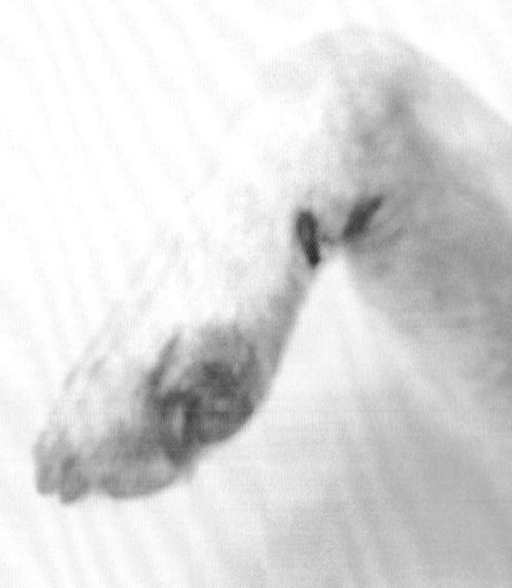

心情變得很灰暗

發生悲傷痛苦的事，
狗狗也會很難受。

狗狗擁有心靈，所以也會生病

要說明「心靈」的存在雖然很有難度，但在近期腦研究的進步之下，我們對心靈終於漸漸有了瞭解。這在狗狗的領域也是一樣，在利用MRI（磁振造影儀）探討腦部對各類刺激的反應後，已經確認狗狗同樣具有感情。例如若提供對狗狗而言正向的資訊，在腦內稱為尾狀核的部位，就會透過多巴胺展現強烈的反應。另外我們也得知，在稱讚狗狗的時候，狗狗會同時聆聽「單字」和「語調」來做判斷。

狗狗也會有偏好跟不那麼偏好的事物，並對之抱持或喜或悲的情感。當狗狗持續承受強烈的壓力，就會罹患憂鬱症。此外無論貓狗，在飼主死亡時皆會出現失落情緒，有時甚至會引發精神官能症。

狗狗常有的心理疾病

狗狗的心理疾病很難命名，但是從異常行為等症狀，以及對其投藥治療的反應等，試著套上人類的病名後，我們得知狗狗也會罹患以下這些疾病。

這些病的起因可能是不安、寂寞、無聊等壓力，打雷或煙火的聲音、受到打罵的恐懼等，不過對壓力和恐懼的感受程度，每隻狗狗都不一樣，因此很難清楚劃出「在這個程度之前都沒問題，超出這個程度就會生病」的界線。請在跟愛犬相處的過程中慢慢判斷。

- **精神官能症、憂鬱症：**因經常看家、在家裡少有接觸或交流、焦慮等原因所引發的疾病。狀況包括對於主人回到家

滿足了玩耍、運動、交流的需求，
心靈就能常保健康。

和玩耍不再有反應、避開跟人或同類的交流、在室內徘徊、食慾減退等等……如果會迴避飼主的話，就已經是重症了。也可能會變得兇暴而破壞家具等。

- **創傷後壓力症候群（PTSD）**：因強烈恐懼或壓力形成心理創傷，留下精神性的痛苦，即是PTSD。災害或虐待等痛苦的體驗、殘酷的經歷，皆可能讓狗狗陷入PTSD。一般症狀包括畏懼、失眠、食慾不振、嘔吐、腹瀉等。此外在行為變化方面，則包括兇暴化、跟在主人後頭走來走去、獨自看家就會引發恐慌等。據說神經愈是敏感的狗狗，症狀就愈嚴重。

食慾減退、無精打采等症狀，也有其他疾病的疑慮，因此若發現狗狗的狀態與平時不同，首先要接受診察。不僅如此，也得去除焦慮因素、創造能讓狗狗感到安穩的場所等，必須改善環境，或是進行看家、熟悉某些聲響的練習。依症狀不同，醫生可能會開立抗憂鬱藥劑、精神安定劑等處方。

除此之外，諸如固著行為、分離焦慮等等的「問題行為」（第159頁），皆是因恐懼、焦慮等「心靈的不穩定感」所引發的異常行為，這些症狀也可稱為心病。

別讓心靈生病

首先理所當然應該對狗狗投注關愛，在生活中考量狗狗的心情。不帶給狗狗恐懼、焦慮、各式各樣的壓力，或者是幫助去除這些因素，即是心病最佳的預防和治療方式。但很遺憾，要消除所有恐懼和壓力並非易事，這也是一個事實。

幼年期跟父母、手足一起度過，
對狗狗的成長意義重大。

虐待、違反狗狗本能的調教，都是不可發生、能夠避開的情況，但像打雷這種事，則無從解決起。許多狗狗都很討厭醫院，但不能不去。最討厭的刷牙也一定得做。包括訓練，或許對狗狗而言也是一種壓力。為求生活得安全又健康，有些壓力一定得克服，因此社會化時期（第160頁）的生活方式就顯得非常重要。

因為害怕所以吠叫

有問題的行為，同樣都是有理由的。

何謂問題行為？

狗狗的行為分成正常、異常、問題行為等3種。對狗狗而言正常的行為，如果飼主無法允許，很可惜，還是會稱作問題行為。胡亂吠叫、食糞、為守護某處或某物而發出威嚇等，在這些一般稱為問題行為的行為當中，有不少都是對狗狗而言很正常，或是有理由才做的事情。

狗狗的問題行為有65%都是出自地盤習性、懼怕、攻擊性。另外還有分離焦慮、不當排泄等由壓力引發的問題行為。大部分被視為問題行為的舉止，都是因為成長期中的社會化時期並未適當發展所引發的。除此之外，強行採取不合理、不適切的飼養方式，也是一個關鍵因素，在這種情況下，有可能是人類造就了狗狗的問題行為。

預防問題行為

修正問題行為，需要付出時間、勞力和耐心。因此幼犬在社會化時期的發展和調教相當重要。如果問題行為已經萌芽，以下訓練將有很好的效果。

- **暫停法（Time Out）**：發生問題行為的時候，飼主就離開現場，停止表達關切。在問題消失之後，就給狗狗訓練零食當獎勵。
- **標準化**：在用餐或散步前，以及問題行為之後，都要做「眼神接觸」、說出「停」。

置之不理或給予懲罰，反而會讓問題行為惡化。若狗狗相當焦慮，建議請臨床行為學的專科醫師診斷。依症狀不同，有時會考量精神面向，開立抗憂鬱藥劑的處方。

這樣很傷腦筋……問題行為的應對方式

問題行為是關乎狗狗畢生幸福的問題。
狀況如果嚴重，就必須向值得信賴的專家請教意見。
參考有根據的情報來源，將狗狗導向正確的方向吧。

分離焦慮

因飼主不在身邊而感到焦慮的一種焦慮行為。身體狀況上的變化包括流口水、腹瀉、嘔吐、呼吸次數或心率增加等。行為變化包括在家裡也經常跟著飼主走動、搞破壞、持續吠叫等。

【因應方式】在家裡也要規劃分開度過的時光。例如移動到隔壁房間等，在極短的時間內練習分離。有能放心的空間（寵物籠等）也很重要。

固著行為

狗狗異常頻繁地出現追著尾巴跑、啃咬尾巴、追逐光影、舔舐身體等行為，導致對生活造成障礙、負傷等。關鍵因素應為壓力、無聊、糾結、焦慮等。也有一些案例是身體疾病引發了這類行為，因此必須要懂得判斷。

【因應方式】若得知觸發的原因，就必須避開。可靠鎮定劑處理，但若仍舊持續，以啃咬尾巴為例，有時就會判斷要斷尾。

攻擊行為

諸如為狩獵行為或表達自我意志而採取的積極性攻擊，以及為逃離恐懼、為守護食物或地盤而採取的防禦性攻擊。這些都是源自本能的行為，但啃咬等強烈攻擊，在跟人類共同生活時就會是個問題。

【因應方式】依攻擊理由而異，包括不打擾狗狗吃飯、睡覺時別碰觸等，要避免可能觸發狗狗攻擊行為的狀況。

胡亂吠叫

對狗狗而言，包括興奮、焦慮、有需求、發出警告等，沒有哪種吠叫算是「胡亂吠叫」。這種狀況常見於在工作上需要吠叫的犬種（如牧羊犬等），或容易興奮、容易感到焦慮的狗狗。

【因應方式】如果狗狗在家時會對外頭經過的路人吠叫，就要利用窗簾或窗貼阻擋狗狗的視線。若狗狗是因情緒激昂而吠叫，就要避免讓牠過度興奮……諸如此類。要迴避可能觸發的情境。

狗狗有時只是出於無聊、玩得太嗨而惡作劇，
這些並不全是問題行為。

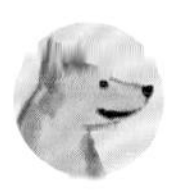

想讓狗狗有各種體驗

心靈成形期的生活方式相當重要。

親子相伴的優點

日本在2019年6月12日推動《動物愛護法》修正案，內容包括禁止販售出生後8週齡（56日齡）以內的狗狗。將時間點設定在8週齡，是因為幼犬誕生後的這段期間，是腦部神經系統逐步成長發育的階段，待在狗媽媽的身旁，跟手足一同安心生活，對心靈和身體的健全成長十分重要。

在跟狗媽媽及手足嬉戲、吵架等交流的過程中，狗狗將逐漸學會跟同類的溝通、肢體語言、控制興奮程度和啃咬力度等基本原則。據說若跟親生手足早早分離，未能歷經這個過程，狗狗就有可能會去挑釁其他狗狗，或者是完全相反，凡事都感到怯懦，容易產生攻擊性及恐懼感。

從這個時期一路到14週齡，稱為「社會化時期」，包含跟人類共度的經驗在內，狗狗必須經歷各種社會性的體驗與適應。

跟飼主一起學習

幼犬可以說是以週為單位在飛速長大，社會化時期的成長方式、體驗的豐富程度，將會對往後的生活影響甚鉅，非常重要。這是因為大多所謂的問題行為，其關鍵因素都是在社會化時期的發育階段中未能經歷的事件，令狗狗產生了恐懼和壓力。舉例而言：

- **沒見過飼主以外的人類⇨看見人就吠**
- **未能體驗身體接觸⇨被碰觸到身體就發怒**

狗狗在出生約12天後，眼睛就能視物。
超過3週齡後，就能靈活走路。

「咦？那是什麼呀？」
幼犬總是充滿著好奇心。

光看著幼犬的模樣，就讓人備感療癒。

總是待在一起⇨看不到人類時就會吠叫、無法看家

幼犬從8週齡前後就會開始慢慢脫離親代，恐懼和戒心也會同時萌芽。接著大腦就會全力運轉，逐漸發育。在這個舉足輕重的時期，必須讓狗狗經歷大量的體驗，習得社會性，以求不對未知的經驗抱持恐懼、警戒或焦慮。

遇見男女老少的人類，讓狗狗觀看自行車、汽車、腳踏車，在柏油路、砂礫、泥土等各種地面上行走，邂逅麻雀和烏鴉，必須讓狗狗體驗的事情，多到寫也寫不完，一般認為愈多愈好。以人類而言，這即是情感教育的時期。

這個階段做得夠好，就能替愛犬的未來排除壓力，不必害怕往後可能造成壓力的事件，如刷牙、梳毛、到醫院看病等。

狗狗到約莫14週齡都未能體驗的事情，就會變成未知的事物，化作恐懼、警戒、焦慮的種子，無法輕易消除。社會化時期的體驗會深深地留在狗狗心中，因此若承受巨大的傷害，亦可能成為畢生的心理陰影，一定要多多留意。

現代狗狗的平均壽命已經變長。
在這個時代，無論人狗都必須思考
該如何度過高齡時期。

PART 5

高齡期的照護
～為了保持健康長壽～

愛犬的年齡會追過自己

曾如孩子一般的愛犬，在不知不覺間，就會追過我們自身的年齡。大型犬約從6歲、小型犬則約從10歲左右即會進入壯年期，在此時期必須重新審視健康和生活方式。老年該怎麼度過呢？該做的事、該考慮的事都跟人類一樣，營養均衡的飲食，沒有壓力的生活，定期健康檢查，諸如此類。上了年紀也可能會發現疾病，我們要留心早期發現、早期治療，盡可能保持健康，以讓狗狗活到幸福的20歲為目標吧。

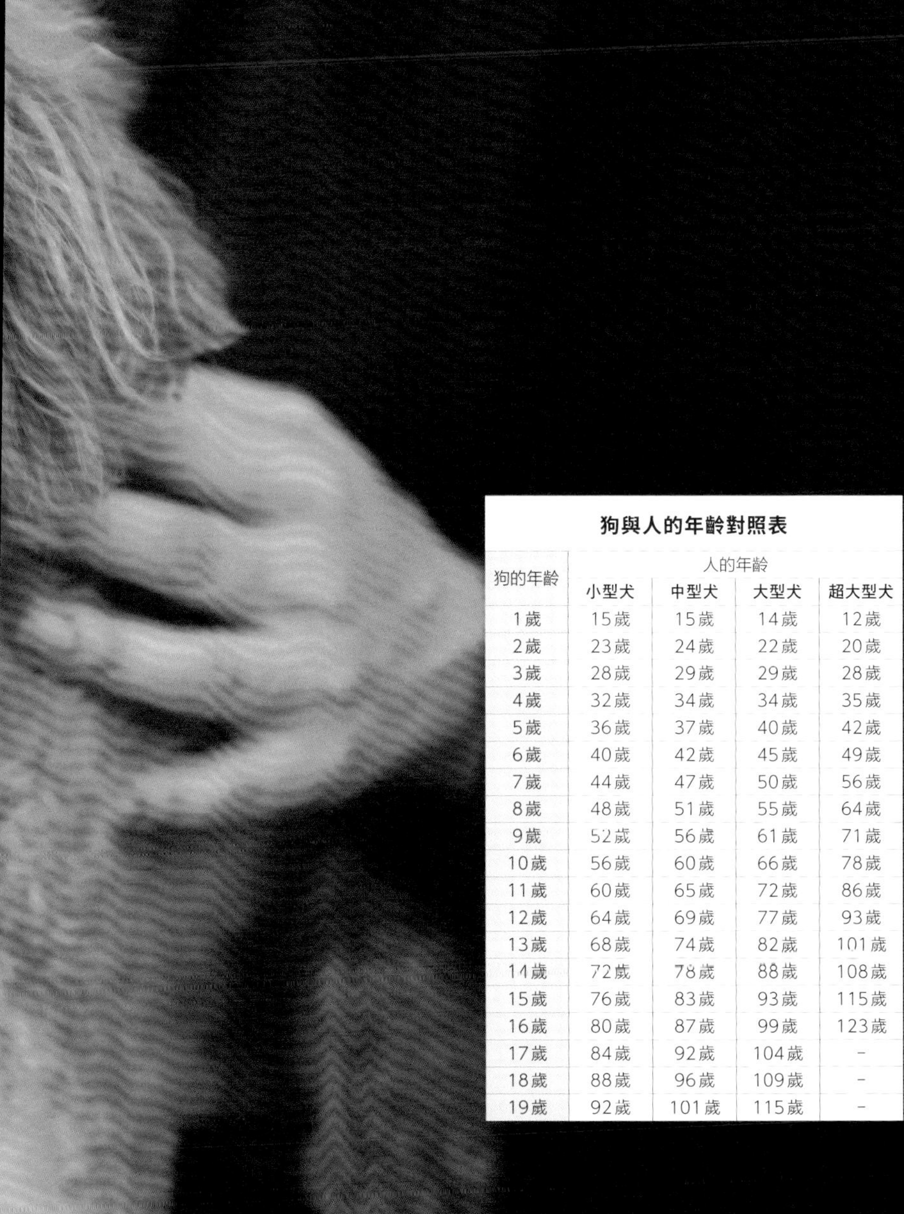

狗與人的年齡對照表

狗的年齡	人的年齡			
	小型犬	中型犬	大型犬	超大型犬
1歲	15歲	15歲	14歲	12歲
2歲	23歲	24歲	22歲	20歲
3歲	28歲	29歲	29歲	28歲
4歲	32歲	34歲	34歲	35歲
5歲	36歲	37歲	40歲	42歲
6歲	40歲	42歲	45歲	49歲
7歲	44歲	47歲	50歲	56歲
8歲	48歲	51歲	55歲	64歲
9歲	52歲	56歲	61歲	71歲
10歲	56歲	60歲	66歲	78歲
11歲	60歲	65歲	72歲	86歲
12歲	64歲	69歲	77歲	93歲
13歲	68歲	74歲	82歲	101歲
14歲	72歲	78歲	88歲	108歲
15歲	76歲	83歲	93歲	115歲
16歲	80歲	87歲	99歲	123歲
17歲	84歲	92歲	104歲	–
18歲	88歲	96歲	109歲	–
19歲	92歲	101歲	115歲	–

上了年紀的關係？

狗狗年齡增長的速度，
比人類快了許多。

老化的徵兆

大型犬約在9歲、中型犬約在12歲、小型犬約在13歲時，就會稱之為高齡犬。如果出現以下跡象，就請意識到愛犬已經上了年紀。

- **臉和身體長出白髮**
- **罹患白內障等，視力變差**
- **反應遲鈍、聽力退化**
- **體力不佳，動作緩慢**
- **睡眠時間變長**
- **體溫調節功能變差　等等**

在每天梳毛、眼神接觸等交流的過程中，都要觀察愛犬的食慾、散步、睡覺的情形等，掌握愛犬的變化。

狗狗是跟我們一起變老的重要家人。

為老化做好心理準備

老化會緩慢地顯現。若狗狗變得不太想去散步，就是肌力和體力在逐漸降低，因此最重要的是維持適度的散步。散步期間會使用到視覺、聽覺、嗅覺等感覺器，能夠接觸多種刺激，因此也能從而活化大腦。另外也要從行走的步調、呼吸、排泄物的狀態等地方，盡早察覺狗狗的身體狀況變化。

狗狗老化會伴隨的生理現象，包括感覺類、肌肉骨骼類、神經類、消化器官類、泌尿器官類、心血管類的功能變化。此外隨著腦部機能老化，在精神、認知、活動方面都會開始出現變化。

隨著老化，狗狗罹患白內障、關節炎、牙齒疾病、腎臟疾病、心臟疾病、甲狀腺機能低下／亢進症、腫瘤等疾病的機率將會增加。

神經傳導物質障礙會引發焦慮增生、忍耐力變差，因打雷等心生恐懼而吠叫的焦慮障礙、看家的分離焦慮等情況都會增加。這些情況有時也會被視為問題行為。

針對感覺機能變差、肌肉骨骼類的問題，必須為狗狗調整環境條件。不過，大幅度的環境改造，亦可能對高齡犬帶來焦慮，因此記得要多留意。訣竅是多用點心，不要強迫狗狗、不要責罵

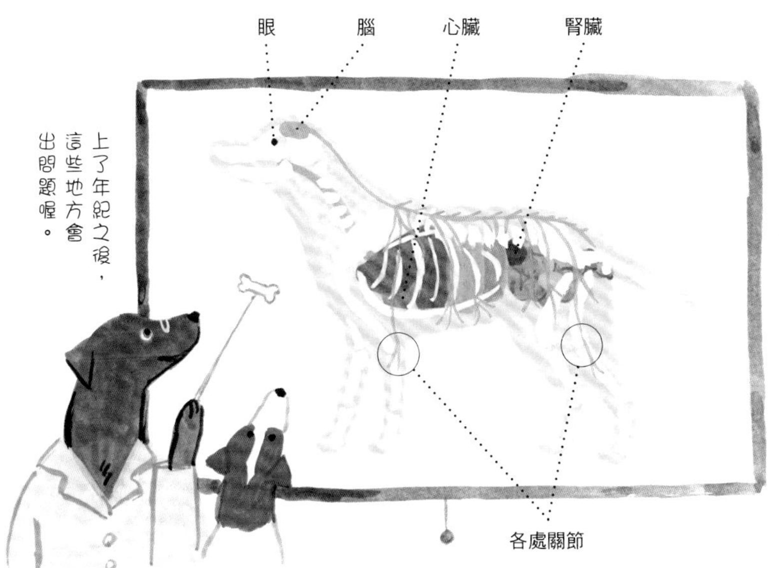

狗狗、不做狗狗討厭的事。不過也有必要偶爾改變散步的路線，用玩具玩耍，讓狗狗有些刺激和社會性交流。

高齡犬常見的疾病

狗狗就跟人類一樣，隨著年紀的增加，疾病也會變多。除了糖尿病、惡性腫瘤、心臟疾病等生活習慣病（第150頁）之外，還有下列幾項。

- **腎衰竭**：腎臟組織會劣化，老化後機能變差，將無法濃縮尿液，導致顏色變淡。若發現狗狗多喝多尿，就要懷疑是慢性腎衰竭。
- **關節攣縮**：因肌肉失去柔軟度等，導致關節的動作變差。
- **核硬化**：眼睛水晶體中心部分的透明度降低，也可能併發白內障。
- **白內障**：眼球內的水晶體白濁，會發現瞳孔變白。會因為視力降低而撞到東西。除年紀之外，亦有因遺傳因素發病的案例。

我從小時候就很喜歡這個了嗎？

忘事程度太嚴重

狗狗也會罹患失智症，
別忽略狗狗的行為變化。

何謂失智症

失智症的正式名稱為「重度神經認知症」。失智症是因老化導致腦部機能退化而引發行為變化，但不明之處仍舊很多，也是這個病的特徵。在流行病學上，各國各有差異，但中型犬約莫會在11歲齡前後出現此病的跡象。

失智症無法確診，目前是採用結合各類行為來評價的方法。右頁的表格是在1997年所制定，在診斷時經常使用到的「失智犬診斷100分法則」。確認吃飯狀態、步行狀態等10個項目，透過總分來診斷失智症的程度。確認各項目後，若是總分達到50分以上，就會判斷是「失智犬」。

失智症發病以後無法根治，僅能採取因應療法，因此在理解愛犬需求的同時，飼主也要減輕自身的負擔，呵護愛犬行為的變化，並保持樂觀，感情和睦地生活下去。

失智症的跡象

失智症的徵兆，包括毫無意義的吠叫、撞牆、辦不到原本會做的事情等，跟問題行為或單純老化有著明顯差異。其與人類失智症的共通點，在於大腦皮質會發生萎縮；相異點則是較人類難以早期發現。如果覺得好像怪怪的，就要即刻接受獸醫的診斷。若有腦挫傷、腫瘤的可能，就要做CT、MRI等造影檢查，但若是高齡犬，則需與獸醫討論，是否要使用會對心臟等處造成負擔的全身麻醉。

跟失智犬一起生活

若是診斷出失智症，在早期階段採用行為療法和飲食療法，有助於逐步熟悉狗狗的身心健康狀態。也有使用鎮定劑或抗精神病藥物的藥物療法，但失智症並沒有特效藥。

如果發現愛犬會痛、會冷、想改變姿勢、想去散步等跡象，就要滿足牠的需求。這樣一來不必使用藥物也能過得舒適。若有失禁、徘徊等情形，可使用照護用軟墊、寵物尿墊、圍欄等。

放鬆能提高副交感神經的作用，讓血管擴張，增加大腦血流量。狗狗很快就能察覺飼主的緊張，因此飼主放鬆以對也很重要。

請避免粗劣的餐點，要讓狗狗吃優質食材的食物。另外為求刺激大腦，也要試著出外散步，即使讓狗狗坐在寵物推車裡移動也可以。在過往經常前往的地盤散步，對大腦將是很好的刺激。

身體接觸、呼喚也都能活化大腦。良性壓力可有預防之效，但惡性壓力則

失智犬診斷100分法則

低於30分：老犬（正常程度）　31分～49分：失智犬預備軍　50分以上：失智犬
※加總各項目的最高分數即為100分。

項目	狀態	分數
食慾、腹瀉	① 正常	1分
	② 異常貪吃，但也會拉肚子	2分
	③ 異常貪吃，有時會拉肚子，有時不會	5分
	④ 異常貪吃，但幾乎不會拉肚子	7分
	⑤ 異常貪吃，但即使吃再多東西都不會拉肚子	9分
生活作息	① 正常	1分
	② 白天活動量變少，白天和晚上都會睡覺	2分
	③ 白天和晚上的睡覺時間都變長了	3分
	④ 白天和晚上除了吃飯之外，都睡得像死豬一般；半夜至清晨間會突然醒來，到處走動	4分
	⑤ 上述走動行為，人類已無法制止的狀態	5分
後退行為	① 正常	1分
	② 想要進入狹窄空間，一旦無法前進，尚能自行退出	3分
	③ 一旦進入狹窄空間，就完全無法退出	6分
	④ 雖處於③的狀態，在房間的直角角落仍能轉向	10分
	⑤ 處於④的狀態，且在房間的直角角落亦無法轉向	15分
步行狀態	① 正常	1分
	② 朝特定方向搖晃行走，有不正常的運動	3分
	③ 只朝特定方向，搖晃著繞圈（劃大圈）行走	5分
	④ 繞圈行走（劃小圈）	7分
	⑤ 以自身為中心繞圈行走	9分
排泄狀態	① 正常	1分
	② 有時會弄錯排泄地點	2分
	③ 隨地排泄	3分
	④ 失禁	4分
	⑤ 睡眠中也會排泄（失禁狀態）	5分
感覺系統異常	① 正常	1分
	② 視力不佳，聽力也變差	2分
	③ 視力、聽力顯著不佳，任何東西都湊過去聞	3分
	④ 聽力幾乎消失，異常且頻繁地嗅聞氣味	4分
	⑤ 僅嗅覺變得異常敏感	6分
姿勢	① 正常	1分
	② 尾巴和頭部低垂，但仍能正常的採取立姿	2分
	③ 尾巴和頭部低垂，能採取立姿，但欠缺平衡搖搖晃晃	3分
	④ 有時會出現持續性呆立行為	5分
	⑤ 有時會以異常姿勢睡覺	7分
吠叫聲	① 正常	1分
	② 叫聲變得呆板	3分
	③ 叫聲呆板，音量大	7分
	④ 在半夜至清晨的固定時間突然吠叫，但某種程度上仍可制止	8分
	⑤ 與④相同，彷彿在對某種東西吠叫，完全無法制止	17分
情感表現	① 正常	1分
	② 對他人和動物的反應有些遲鈍	3分
	③ 對他人和動物毫無反應	5分
	④ 狀態如③，只對飼主勉強有反應	10分
	⑤ 狀態如③，對飼主亦無反應	15分
習慣行為	① 正常	1分
	② 已習得行為或習慣性行為暫時消失	3分
	③ 已習得行為或習慣性行為有部分持續性消失	6分
	④ 已習得行為或習慣性行為近乎全數消失	10分
	⑤ 已習得行為或習慣性行為全數消失	12分

來源：內野富彌（Veterinary ME Research Center）

會使失智症惡化，要多多留意。

在預防上，可以使用「安適得」之類的保健商品。此外也有含精胺酸、Omega-3脂肪酸（EPA和DHA）、維生素B群等抗氧化成分，可預防自由基危害的商品。

上了年紀，還是希望能精神飽滿

定期健檢不可少，室內擺設和飲食也要重新考量！

為了老邁的愛犬

狗狗年紀大了，同樣會面臨運動機能退化、基礎代謝率變差的問題。這可能導致狗狗無法再去散步，過往的食物也可能不再合適。讓我們來想想，跟高齡犬一起生活，有哪些必要的措施。

- **定期健檢**：邁入高齡後，會跑出各式各樣的疾病。最好每半年定期做1次健康檢查。定期健檢可以早期發現疾病，火速展開治療。若發現重大疾病，也可以請醫師介紹二級醫療的院所。此外也可以自行尋求其他獸醫的意見。
- **打造能舒適生活的房間**：狗狗無法如願發揮身體機能、視力不佳，因此要想辦法避免在室內滑倒、在落差處設置斜坡、在柱子和家具裝設緩衝材料以防碰撞受傷、避免狗狗靠近樓梯以免摔落等等，或許會需要些許的改造。

進入高齡之後，體溫調節機能會變差，因此必須留意夏季的炎熱、冬季的寒冷、急遽的溫差。若是養在室內，必須盡量維持一定的室溫，夏季為26～28℃、冬季為20℃左右。散步時要注意關節的使用狀況以及走路狀況，如果會異常地大口喘息，就要休息，別勉強狗狗。

好好吃飯、好好玩耍、好好走路，大量睡覺。
每年還要定期健檢2次。

上了年紀後，睡覺的時間會變多。

飲食：基礎代謝率會變差，因此要換吃標示「高齡犬用」，低熱量、高蛋白質、配有脂肪酸的食品。一次能吃的量如果變少了，就要分成數次餵食；如果不太能吃乾燥狗食，則要改成濕食，或淋上熱水、湯汁以便食用。

確認身體狀況：每天都要碰觸體表，確認體溫有無變化、是否有疼痛或是腫脹、散步的距離、用餐量等。

長壽的秘訣

最重要的是：睡覺、吃飯、運動、乾淨整潔的生活環境。另外，步入老年之後，應該建立不讓基本規律（習慣）瓦解的生活作息。要能在整潔的環境舒適入眠，吃最喜歡的食物則要規定次數、規定用量。要出去屋外散步或運動，沐浴陽光。身為動物的每一天，都該是沒有壓力的生活。如果很感謝狗狗活著陪伴自己，這份心意也會傳達到狗狗心中，雙方的精神都會很安穩。

照護工作很辛苦嗎？

照護的目標是狗狗和飼主都沒負擔、能夠舒適地過活。

為了避免臥床不起

為了拉長身體能夠活動的時間，最重要的是別讓狗狗太胖。這也能減輕關節的負擔。如果狗狗不幸罹患慢性關節炎，惡化後有可能導致臥床不起。

若有必要，可以吃藥或保健品抑制關節炎的進程，但進行適度的運動、維持肌肉量可以預防關節炎。就算狗狗的腳力變差，也要採用可承受的距離和步伐，用心維持狗狗散步習慣。

由人協助撐著前進的「輔助步行」效果很好，這能讓狗狗持續產生想走路的意志。活動身體就能夠促進全身的血液循環、改善關節的狀態、提升行走能力。此外還能改善食慾不振和消化不良的問題。除了維持健康，更有益於釋放壓力。輔助步行的方式，是在狗狗腰部下方纏繞浴巾，將之提高撐起腰部，維持著平衡讓狗狗向前移動，狗狗就會開始走路。市面上也有販售步行輔助帶等輔具。

在狗狗躺下時，將其手腳關節彎曲再伸直、前後動一動，能夠幫狗狗進行伸展。幫狗狗按摩時以手腳為主，若末稍循環變好，手腳的血流情況改善，就能預防褥瘡。

動動腦，別讓狗狗長褥瘡

臥床不起的狗狗，最大的問題就是褥瘡。長時間躺著，持續接觸地板的部位可能會壞死或化膿。只要每天幫狗狗換姿勢3～4次就好，但狗狗會有自己喜歡的姿勢，不太能隨心所欲地變換。在下方鋪放柔軟的墊子，在骨頭突出的部分墊上厚毛巾，效果都不錯。如果有包尿布，就要勤於更換，排泄部位的毛若能剃掉，可以保持清潔。

吃飯喝水慢慢來

躺著吃東西，異物容易跑進氣管和肺裡，亦可能引發誤嚥性肺炎等。在餵食的時候，務必要讓狗狗保持趴下的姿勢，幫狗狗將頭稍微抬起。喝水一樣要特別注意。水尤其容易跑進氣管，因此可用手指沾水讓狗狗舔舐，或使用針筒等，設法讓狗狗慢慢飲用。

離別總有到來時

謝謝你的陪伴。
跟你一起生活，我非常幸福。

離別的心理準備

雖然令人難過，但大多數情況下，狗狗都會比我們更早啟程離去。失去寶貴東西的失落感，可能會使我們深陷悲傷的深淵走不出來。會有悲傷反應，是很正常的。

這不是一件容易的事，但為了讓往後的日子能夠繼續過下去，認清狗狗走的那一天終將到來，事先做好心理準備極為重要。光是短短數天的準備，身心問題就能有所緩和。

而最為重要的，莫過於跟還在眼前的愛犬相伴著度過，如愛犬患有疾病或需要照護，就採取自己思考過後所能接受的安排。這樣一來，相信我們就能告訴自己，我們已經做了一切能做的事，曾經充分付出關愛、被愛，度過了幸福的時光，並得以靜靜地接受悲傷。

復原的過程

總有一天，我們必須告別沉痛的悲傷，重新站起。但也不需要將悲傷束之高閣，急於重新出發。在告別所愛對象的時期中，做好抒發悲傷的「哀悼工作（mourning works）」也相當重要。悲傷僅可透過感受悲傷來跨越。就暫時讓身心休息，思念愛犬、感受悲傷，好好完成哀悼工作吧。不需要勉強遺忘，在照片前供花，隨身帶著回憶的物品，對帶給我們幸福的愛犬致上謝意，持續保有牽絆，並不是一件壞事。

對狗友等值得信任的對象傾訴，也能舒緩孤獨感。不過，假如精神上過度痛苦，對生活造成了障礙，也可以前往醫療機構尋求協助。

索引

病名

【英文】

【1～5畫】

【6～10畫】

【11～15畫】

【16～20畫】

【21～25畫】

症狀、其他

【1～5畫】

【6～10畫】

【11～15畫】

【16～25畫】

主要參考文獻

《犬と猫の問題行動 診断・治療ガイド》（インターズー）
《犬と猫の問題行動の予防と対応》（緑書房）
《臨床行動学》（インターズー）
《最新版 愛犬の病気百科》（誠文堂新光社）
《犬と猫の栄養学》（緑書房）
《イヌの動物行動学》（東海大学出版部）
《犬のための家づくり》（エクスナレッジ）
《犬のしつけパーフェクトBOOK》（ナツメ社）

參考影片

YouTube頻道「アニマル戦隊」

野澤延行

1955年出生於東京。獸醫。北里大學畜產學部獸醫學科畢業。野澤動物醫院院長。公益社團法人東京都獸醫師會倫理委員會委員、獸醫心理學研究會會員。致力於解決流浪貓問題、收容犬治療及認養。著有《貓奴必備的家庭醫學百科》（台灣東販）、《ネコと暮らせば》（集英社）、《獣医さんが出会った 愛を教えてくれる犬と幸せを運んでくる猫》（新潮社），除此之外亦有眾多監修書籍。

【日文版工作人員】

照片：池田晶紀、池ノ谷侑花（ゆかい）
照片提供：ドコノコ（ほぼ日）
插圖：小池ふみ
美術指導・設計：吉池康二（アトズ）
編輯・執筆協助：たむらけいこ
編輯：宇川靜（山と溪谷社）
協助：ドコノコ（ほぼ日）、株式会社ゆかい、ドコノコ的用戶、投稿照片的各位、
認定特定非営利活動法人シャイン・オン・キッズ

狗狗的家庭醫學百科

2020年7月1日初版第一刷發行

作　　者　野澤延行
譯　　者　蕭辰倢
編　　輯　邱千容
美術編輯　黃瀞瑢
發 行 人　南部裕
發 行 所　台灣東販股份有限公司
<地址>台北市南京東路4段130號2F-1
<電話>(02)2577-8878
<傳真>(02)2577-8896
<網址>http://www.tohan.com.tw
郵撥帳號　1405049-4
法律顧問　蕭雄淋律師
總 經 銷　聯合發行股份有限公司
<電話>(02)2917-8022

國家圖書館出版品預行編目（CIP）資料

狗狗的家庭醫學百科 / 野澤延行著；蕭辰倢譯.
-- 初版. -- 臺北市：臺灣東販, 2020.07
176面；14.8×21公分
譯自：犬のための家庭の医学
ISBN 978-986-511-373-5（平裝）

1.犬 2.寵物飼養 3.獸醫學

437.354　　109007130